ZEITSCHRIFT FÜR ANGEWANDTE GEOLOGIE

HERAUSGEGEBEN VOM
ZENTRALEN GEOLOGISCHEN INSTITUT
IM AUFTRAG DES
STAATSSEKRETARIATS FÜR GEOLOGIE

AUS DEM INHALT

AKADEMIE-VERLAG · BERLIN

BAND 17 / HEFT 12
DEZEMBER 1971
SEITE 497—544

PREIS: 6,— M
Sonderpreis DDR: 2,— M

	INHALT	СОДЕРЖАНИЕ	CONTENTS	
U. WINTER	Anwendung des elektromagnetischen Wellendurchstrahlungsverfahrens zur hydrogeologischen Erkundung von Gebirgskomplexen zwischen Bohrungen im Kalibergbau	К использованию электромагнитного метода волнового просвечивания при гидрологической разведке горных комплексов между скважинами на калийных разработках	The Electromagnetic Wave Transmission Method as Applied to the Hydrogeological Exploration for Rock Complexes between Bore Holes in Potash Mines	497
A. P. LISSIZYN	Bohren am Grunde des Stillen Ozeans	Бурение на дне Тихого океана	Drilling at the Bottom of the Pacific Ocean	501
S. P. MAXIMOW, R. G. SAMWELOW, W. W. SEMENOWITSCH & W. I. TERECHOW	Methodik der industriellen Erkundung und Einschätzung von Lagerstätten des Erdöls und Erdgases in der UdSSR	Методика промышленной разведки и оценки нефтяных и газовых месторождений в СССР	Technique of Industrial Exploration and Evaluation of Oil and Gas Deposits in the U.S.S.R.	512
T. M. SOLOJEW, A. M. BUROWOI & N. F. MEDWEDJEW	Die Richtung der Sucharbeiten auf Gaslager in den Riffen des Unterperms in den nördlichen Randzonen der Kaspischen Senke	О направлении поисков залежей газа в рифах нижнепермского возраста северной бортовой зоны Прикаспийской впадины	The Direction of Prospecting for Gas Deposits in Reefs of the Lower Permian in the Northern Marginal Zones of the Caspian Depression	518
H. GLANDER	Zur Verteilung, Typisierung und graphischen Dokumentation hydrochemischer Verhältnisse im genutzten Grundwasser mit vorwiegend geringem Mineralisationsgrad	К распределению, типизации и графической документации гидрохимических условий в использованных грунтовых водах с преимущественно низкой степенью минерализации	Distribution, Typification and Graphic Documentation of Hydrochemical Conditions in Utilized Ground Water with a Mainly Low Degree of Mineralization	520
W. W. KOTLJAR	Grundlagen einer Theorie der Erzbildung (Referat von W. BEYER)	Основы теории рудообразования (Реферат В. Байера)	Bases of a Theory of Ore Formation (Abstracted by W. Beyer)	526
K. GROTH	Geschiebestatistische Auszählergebnisse aus Bohrproben Nordostmecklenburgs	Результаты статистических подсчитываний валунов из бурового материала Северо-восточного Мекленбурга	Results of Statistical Counting of Boulders from Core Samples of NE Mecklenburg	530
H.-U. MOLLWEIDE	Einige Bemerkungen zu der Arbeit SCHRÄBER „Asche und Müllkippen und ihre Auswirkungen auf das Grundwasser"	Некоторые замечания к работе ШРЕБЕРА. Отвалы пепла и мусора и их влияние на грунтовые воды	Some Observations on the Paper Published by SCHRÄBER „Ashes and Garbage Tips and their Effects on the Ground Water"	536

Die ZEITSCHRIFT FÜR ANGEWANDTE GEOLOGIE berichtet ständig über folgende Arbeitsgebiete: Geologische Grundlagenforschung und Lagerstättenforschung / Methodik der geologischen Erkundung / Ökonomie und Planung der geologischen Erkundung / Technik der geologischen Erkundung / Geologie und Lagerstättenkunde im Ausland. In der Zeitschrift können alle strittigen Fragen der praktischen Geologie behandelt werden. Die Autoren übernehmen für ihre Aufsätze die übliche Verantwortung.

ZEITSCHRIFT FÜR ANGEWANDTE GEOLOGIE

Träger der Ehrennadel in Gold der Gesellschaft für Deutsch-Sowjetische Freundschaft

BAND 17 · 1971 · HEFT 1 bis 12

INHALTSVERZEICHNIS

Artikel ohne Verfasserangabe

Heft-Nr. Seite

Geologie und Paläontologie

Mineralogie, Petrographie

Lagerstättenkunde, Metallogenie, Bergbau

Prognose

Vorratsberechnung, Ökonomie

Mathematik, Datenverarbeitung, Statistik, Information und Dokumentation

Technisches

Sonstiges

Wissenschaftliche Tagungen

Besprechungen

Besprechungen und Referate ohne Verfasserangabe

Neuerscheinungen und Literaturhinweise

Nachrichten und Informationen

Kurznachrichten

Herausgeber: Prof. Dr. KARL SCHMIDT, Direktor des Zentralen Geologischen Instituts im Auftrag des Staatssekretariats für Geologie beim Ministerrat der Deutschen Demokratischen Republik. Für die kollektive Chefredaktion: Dr. K. KAUTER (Redaktionssekretär), Berlin, Redaktion: 1054 Berlin, Kastanienallee 69 (Fernsprecher 22620 80/81). Verlag: Akademie-Verlag GmbH, 108 Berlin, Leipziger Straße 3–4 (Fernsprecher 220441, Telex 0112020, Postscheckkonto: Berlin 35021). Bestellnummer des Heftes 1047/17. Alleinige Anzeigenannahme DEWAG-WERBUNG Berlin, 1054 Berlin, Hauptstadt der DDR, Wilhelm-Pieck-Str. 49 und alle DEWAG-Betriebe und Zweigstellen der Bezirke der DDR. Exportpreis: 6,– M, Sonderpreis für die DDR: 2,– M je Heft. — Satz und Druck: VEB Druckhaus „Maxim Gorki", 74 Altenburg. Veröffentlicht unter der Lizenznummer 1279 des Presseamtes beim Vorsitzenden des Ministerrates der Deutschen Demokratischen Republik

ZEITSCHRIFT FÜR ANGEWANDTE GEOLOGIE

Träger der Ehrennadel in Gold der Gesellschaft für Deutsch-Sowjetische Freundschaft

KOLLEKTIVE CHEFREDAKTION

Dr. K. KAUTER (Redaktionssekretär)
Prof. Dr. F. STAMMBERGER
Dr. habil. G. TISCHENDORF

BAND 17 · DEZEMBER 1971 · HEFT 12

Anwendung des elektromagnetischen Wellendurchstrahlungsverfahrens zur hydrogeologischen Erkundung

U. WINTER, Sondershausen

(Veröffentlichung aus dem VEB Kombinat Kali, Direktionsbereich Wissenschaft und Technik, Sondershausen)

In der Untertagegeophysik hat sich nunmehr bereits seit mehreren Jahren das elektromagnetische Wellendurchstrahlungsverfahren, bei dem bekanntlich aus der Veränderung eines im zu untersuchenden Gebirge erzeugten elektromagnetischen Feldes beispielsweise Rückschlüsse auf geologisch und bergbaulich interessierende Einlagerungen, Schichtgrenzen, Wasser- bzw. Salzlösungsansammlungen usw. gezogen werden können, bewährt. Im Kali- und Steinsalzbergbau der DDR dürfte dieses Verfahren die breiteste und umfangreichste Anwendung vor allem zur Lokalisierung und Erkundung salzlösungsführender Horizonte haben. Die seit Entwicklung dieses Verfahrens gesammelten Erfahrungen in der Anwendungsmethodik, der Interpretation der Meßergebnisse und die erzielten Fortschritte in der Meßtechnik haben die Aussagekraft zu einem solchen Stand gebracht, daß man diese Methode bereits zu den „klassischen" Verfahren der Untertagegeophysik zählen kann (WINTER 1966, WINTER & GERBER 1969, KASPAR 1963).

Eine bedeutsame Weiterentwicklung hat das elektromagnetische Wellendurchstrahlungsverfahren durch die apparative Ausgestaltung als Bohrlochmethode genommen (KASPAR 1967). Im Gegensatz zu den sonst üblichen Bohrlochverfahren, bei denen die unmittelbare Umgebung der Bohrlochwandung Gegenstand der Untersuchungen ist, dienen bei den elektromagnetischen Bohrlochwellendurchstrahlungsverfahren die Bohrungen überwiegend nur der Aufnahme von Meßsonden, mit denen das zwischen den Bohrungen liegende Gebirge erkundet werden soll. Es ist offensichtlich, daß damit die Aussagekraft von Bohrlochergebnissen erhöht und die Effektivität der Bohrerkundung wesentlich gesteigert werden können, insbesondere, weil dadurch auch prinzipiell eine Verringerung der sonst erforderlichen Anzahl der Erkundungsbohrungen ermöglicht werden kann. Hierdurch sind auch ökonomisch günstige Auswirkungen zu erwarten, weil die Kosten einer geophysikalischen Bohrlochmessung auch in diesem speziellen Falle im Mittel wesentlich unter den Kosten für eine Bohrung liegen.

Das hier zu behandelnde elektromagnetische Bohrlochwellendurchstrahlungsverfahren zur Erkundung des zwischen Bohrungen liegenden Salzgebirges beruht darauf, daß, wie in Abb. 1 veranschaulicht, in einer Bohrung eine Sendersonde, die elektromagnetische Wellen abstrahlt, untergebracht wird und in einer anderen Bohrung die der Vermessung des elektromagnetischen Strahlungsfeldes dienende Empfängersonde. Befindet sich zwischen Sender- und Empfängersonde ein salzlösungsführender Horizont oder eine Einlagerung mit erhöhter elektromagnetischer Wellendämpfung, so treten je nach Lage und Größe derselben bestimmte Effekte auf, die sich in den Meßwerten der Empfangsfeldstärke widerspiegeln, und aus diesen lassen sich Schlußfolgerungen auf die Lage und Größe der Einlagerung in der jeweiligen Meßebene ziehen. Durch Verschieben der Sonden in den Bohrungen kann auf diese Weise der dazwischenliegende Raum durchstrahlt werden. Elektrisch gut leitende Einlagerungen, wie sie beispielsweise salzlösungsführende Horizonte darstellen, machen sich in den Meßkurven meist durch Feldstärkeverringerung hinter der Einlagerung bemerkbar. Dabei sind aber auch die noch möglichen auftretenden Erscheinungen der Beugung und Interferenz zu beachten.

Die hier vorliegende Arbeit soll einige im Kalibergbau mit dem elektromagnetischen Bohrlochwellendurch-

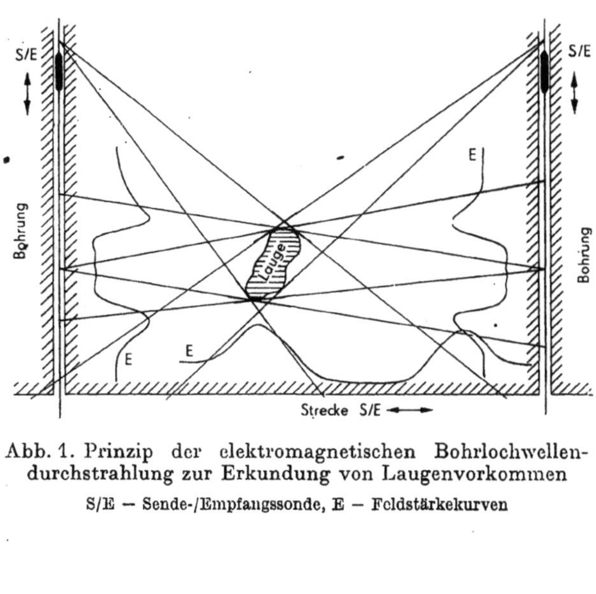

Abb. 1. Prinzip der elektromagnetischen Bohrlochwellendurchstrahlung zur Erkundung von Laugenvorkommen
S/E – Sende-/Empfangssonde, E – Feldstärkekurven

Eingang des Manuskripts in der Redaktion: 10. 6. 1971.

strahlungsverfahren erzielte Untersuchungsergebnisse darstellen und einen Eindruck von der Leistungsfähigkeit dieses Verfahrens vermitteln.

Ausführungen über die benutzte Apparatur sind in KASPAR (1967) gemacht worden, so daß hier vorwiegend nur die durchgeführten Untersuchungen behandelt werden.

Zunächst ist beim Einsatz der Apparatur festzustellen, welche Reichweite in einem bestimmten Meßgebiet möglich ist. Da nicht alle die Reichweite bestimmenden Einflußgrößen für eine theoretische Berechnung bekannt sind, sind stets einige praktische Voruntersuchungen im zu untersuchenden Gebirgskomplex selbst erforderlich. Vor allem handelt es sich um die Ermittlung der Dämpfung der elektromagnetischen Wellen im Gestein. Ist diese bekannt, so kann man die erzielbare Reichweite bestimmen, da die Empfindlichkeit der Sonde zur Messung der Feldstärke bzw. der Empfangsantennenspannung als wesentliche Geräteeigenschaft vorgegeben ist.

Zweckmäßigerweise wählt man hierzu eine wie in Abb. 2 angedeutete Anordnung von drei in einer Ebene liegenden parallelen Bohrungen, die im Salzgestein schnell herzustellen sind. Existieren mehrere Erkundungsbohrungen, zwischen denen erkundet werden soll, so können auch diese benutzt werden, wenn sie in genügender Anzahl und in geeigneter Lage vorhanden sind. Dabei muß natürlich gewährleistet sein, daß die Dämpfung außerhalb eines Anomaliebereichs bestimmt wird.

Die Bohrlochabstände für die Dämpfungsbestimmung wählt man so, daß nicht im Nahfeld der Sendersonde gemessen wird, um den für die Berechnung erforderlichen Formelapparat möglichst einfach zu halten. In einem Abstand, der das Drei- bis Vierfache der benutzten Länge der elektromagnetischen Wellen beträgt, kann bereits mit ebenen Wellen gerechnet werden, ohne daß man einen unzulässig hohen Fehler dabei in Kauf nehmen müßte.

Bekanntlich nimmt die Feldstärke E_0, die am Ort des Senders herrscht, also in Abb. 2 in dem mit S bezeichneten Bohrloch, nach einem Exponentialgesetz ab. So wird demnach in einer Entfernung x_1 vom Sender eine Feldstärke E_1 zu beobachten sein.

$$E_1 = E_0 e^{-dx_1}$$

In der Entfernung R vom Sender, der Reichweite, gilt dann ebenso

$$E_R = E_0 e^{-dR}$$

wobei d die elektromagnetische Wellendämpfung mit der Dimension m^{-1} ist.

Diese Beziehungen gelten genauso für die an der Empfangsantenne anstehende Antennenspannung bzw. für die am Registriergerät auf der Empfangsseite angezeigten Spannungswerte. Zur Ermittlung der Reichweite ist also für E_R die Empfängerempfindlichkeit bzw. die Ablesegenauigkeit am NF-Teil einzusetzen, die bei der benutzten Apparatur

$$E_R = 1 \text{ mV}$$

beträgt.

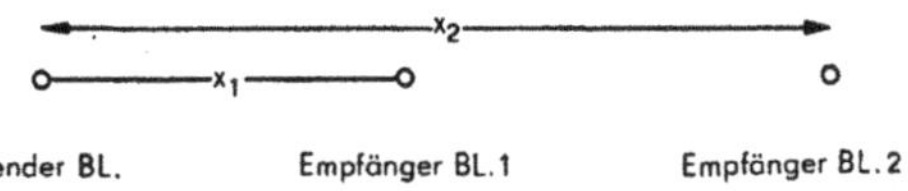

Abb. 2. Anordnung von Bohrungen zur Bestimmung der Dämpfung elektromagnetischer Wellen in Gesteinskomplexen

Damit folgt für die Reichweite des Meßverfahrens:

$$R = x_1 + \frac{1}{d} \ln \frac{E_1}{E_R}$$

Die Dämpfung d wird dabei entsprechend der in Abb. 2 gewählten Anordnung bestimmt zu:

$$d = \frac{1}{x_2 - x_1} \ln \frac{E_1}{E_2}$$

Aus der Messung der Empfangsantennenspannungen in zwei unterschiedlichen Entfernungen von der Sendersonde können also die Wellendämpfung im Gestein und die Reichweite der Apparatur ermittelt werden. Prinzipiell ist dies auch in nur zwei Bohrungen möglich, wobei der Sender an einer Stelle bleibt und durch Verschiebung der Empfangssonde die Abnahme der Empfangsantennenspannung mit der Entfernung und daraus die Dämpfung festgestellt werden können. Allerdings muß dabei eine Korrektur wegen der Strahlungscharakteristik der Sende- und Empfangsantenne durchgeführt werden, worunter die Genauigkeit der Dämpfungsbestimmung leiden kann, da vereinfachende Annahmen über die Strahlungscharakteristik gemacht werden müssen.

Die Meßwerte sind bei der Bohrlochdurchstrahlung noch hinsichtlich der Strahlungscharakteristik der Sende- und Empfangsantenne und auf konstante Entfernung zu korrigieren. Gemäß der Abb. 3 ergibt sich für die Korrektur bezüglich der Strahlungscharakteristik am gemessenen Wert E_{gem}:

$$E_{korr} = \frac{E_{gem}}{\cos \alpha \cos \beta}$$

Für die Entfernungskorrektur leitet sich ab:

$$E_{korr\,1} = E_{gem} \cdot e^{d(r-r_0)}$$

Damit folgt als Gesamtkorrektur:

$$E_{G\,korr} = \frac{E_{korr\,1}}{\cos \alpha \cos \beta}$$

r_0 ist die kürzeste Entfernung zwischen Sender- und Empfängersonde im Bohrloch. Befinden sich die beiden jeweils den Messungen dienenden Bohrungen nicht in einer Ebene, so geht in die Gesamtkorrektur im Nenner noch der Cosinus des Erhebungswinkels ein. In den meisten bisher vorgekommenen Meßsituationen konnte dieser Einfluß vernachlässigt werden.

Nach mehreren Funktionsprüfungen der Apparatur in Bohrungen unter Tage, die im wesentlichen der Gewährleistung der Reproduzierbarkeit der Meßwerte und der Ausschaltung noch vorhandener gerätemäßig

Zeitschrift für angewandte Geologie, Bd. 17 (1971), Heft 12

bedingter Störeffekte dienten, wurde die Apparatur mit Erfolg zur Erkundung des Gesteinskomplexes zwischen Erkundungsbohrungen eingesetzt, wie an einem Beispiel eines derartigen Meßeinsatzes und der dabei erzielten Ergebnisse gezeigt wird.

Das untersuchte Meßgebiet befindet sich in einem Teil eines Grubenfeldes einer Kaligrube, in dem infolge von Salzlösungszuflüssen aus der Vergangenheit mit einer gewissen hydrologischen Gefährdung gerechnet werden mußte.

Zur Entscheidung über weitere Gewinnungsarbeiten in diesem Grubenteil fand eine umfangreiche Erkundung mit Flachbohrungen statt, zwischen denen noch elektromagnetische Durchstrahlungsmessungen durchgeführt wurden. Der anstehende Gesteinskomplex besteht im wesentlichen aus kieseritischem Hartsalz mit intaktem Steinsalz im Hangenden. Geologische Kartierungen im Untersuchungsgebiet wiesen Schnitte und Schlechten sowie Laugentropfstellen nach. Die örtliche Situation der Auffahrungen und der Erkundungsbohrungen veranschaulicht Abb. 4. An Hand der hier miteingezeichneten Kluftrose ist zu erkennen, daß bei den tektonischen Elementen die rheinische Streichrichtung vorherrscht.

Die Sendersonde war im Bohrloch 48 und die Empfängersonde jeweils in den Bohrungen 51 a und 51 untergebracht. Die Meßabstände betrugen 6 m, wobei Sender- und Empfängersonde gleichzeitig verschoben wurden, so daß praktisch eine „Paralleldurchstrahlung" stattfand. Dabei entsprechen sich die Positionen der Sender- und Empfangssonde an den in Abb. 4 eingetragenen Meßpunktnumerierungen entlang den Bohrungen. Die Einschubtiefe der Sonden resultierte aus der Gegebenheit, daß offenbar als Folge von Verkrustungen in den Bohrungen einem weiteren Eindringen ein zu großer Widerstand entgegengesetzt wurde.

Die Messungen fanden bei 8 MHz statt. Bei Versuchen mit 2 MHz zu arbeiten, konnte kein Empfang erzielt werden. Die an sich der Theorie widersprechende Erscheinung, daß bei der höheren Frequenz bessere Übertragungsmöglichkeiten elektromagnetischer Wellen im Gestein bestehen als bei der niederen, wurde bereits des öfteren beobachtet, vor allem auch bei unseren eigenen umfangreichen Untersuchungen mit dem normalen zwischen Strecken angewandten elektromagnetischen Wellendurchstrahlungsverfahren.

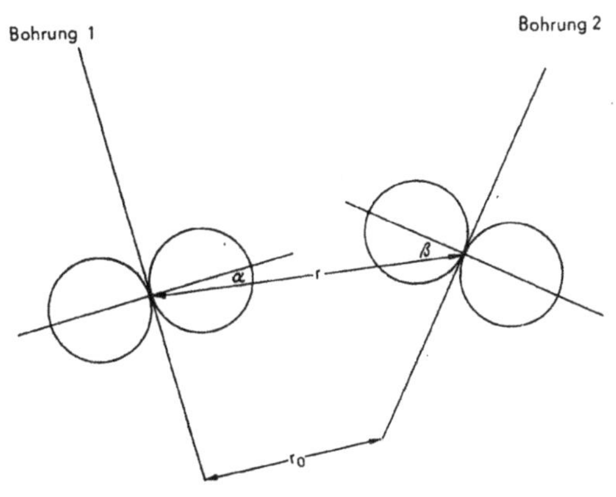

Abb. 3. Bezeichnungen zur Korrektur der Meßwerte bei der Bohrlochdurchstrahlung

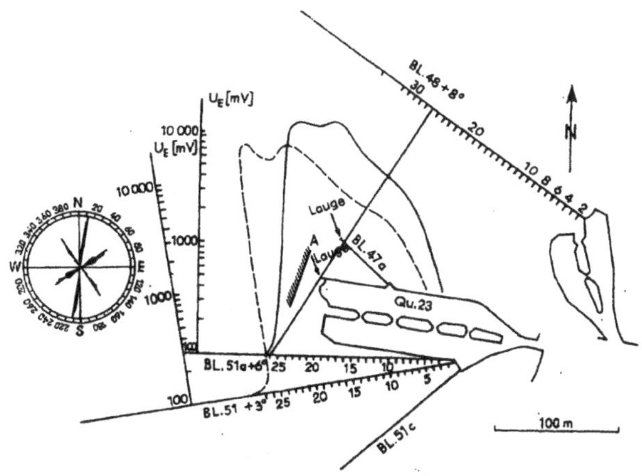

Abb. 4. Anlage der Bohrungen, örtliche Situation und Meßergebnisse des Bohrlochwellendurchstrahlungsverfahrens

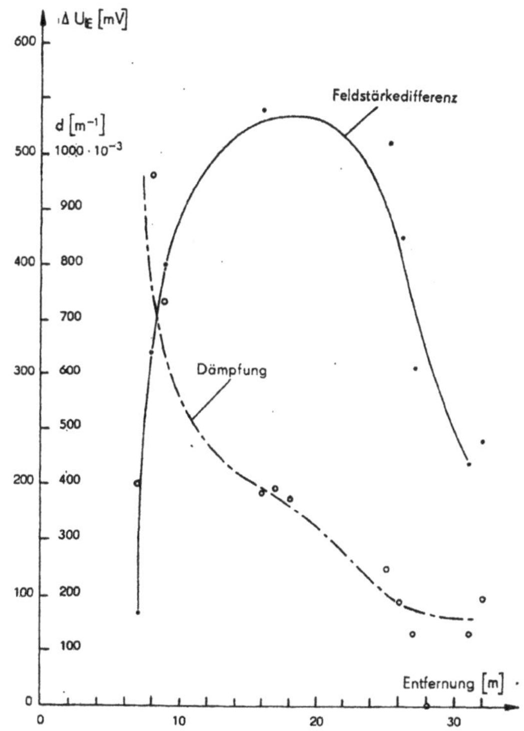

Abb. 5. Elektromagnetische Dämpfung und Feldstärkedifferenz zwischen den Bohrungen 51 a und 51

Die Dämpfung d wurde dadurch bestimmt, daß die Abhängigkeit der Feldstärke von der Entfernung aufgetragen wurde. Sie ergab sich zu

$$d = 0{,}0375 \text{ m}^{-1}$$

für den Raum zwischen den Bohrungen 48 und 51.

Die Dämpfungswerte für den Raum zwischen den Bohrungen 51a und 51 sind in Abhängigkeit von der zunehmenden Entfernung zwischen beiden Bohrungen in Abb. 5 dargestellt. Der sich hieraus ergebende Mittelwert liegt bei

$$d = 0{,}0346 \text{ m}^{-1}$$

Im Hinblick auf die unterschiedliche Art der Ermittlung der beiden Werte kann die Übereinstimmung als relativ gut bezeichnet werden. Bei den weiteren Berechnungen fand der zuerst genannte Wert Verwendung. Die Abb. 5 zeigt aber auch, daß noch niedrigere Werte vorkommen können. Die besonders hohen Werte am Anfang sind im Zusammenhang mit lokalen feuchten Stellen, die in der Nähe der Bohrungen beobachtet werden können, zu sehen.

Die ermittelten obengenannten beiden Dämpfungswerte liegen unseren Erfahrungen gemäß nur geringfügig über denen von trockenem Salzgestein. Dies ist im Vorhandensein der bereits erwähnten zahlreichen kleinen lokalen Durchfeuchtungsstellen begründet, die hinsichtlich der Gefährdung zu keinen Bedenken Anlaß geben.

Mit Hilfe dieses Wertes konnte die erzielbare Reichweite bestimmt werden zu

$$R = 332 \text{ m}$$

Das würde bedeuten, daß bis maximal etwa 275 m Einschubtiefe in die Bohrungen möglich gewesen wäre.

Die erzielten Meßergebnisse der Wellendurchstrahlung sind in den Abb. 6, 7 und in 4 dargestellt. Die Abb. 6 gibt den Einfluß der einzelnen Korrekturen wieder. Dabei zeigt sich, daß die Entfernungskorrektur die wesentlichste Rolle spielt. Wie Abb. 4 erkennen läßt, stimmt der Abfall der Empfangsantennenspannung sehr gut mit dem Beginn der erbohrten salzlösungsführenden Zone überein. Die vorgenommenen Korrekturen

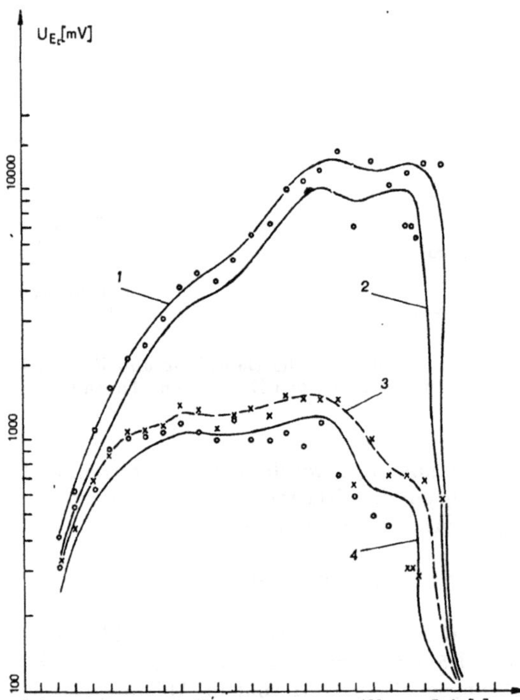

Abb. 6. Meßergebnisse der Bohrlochdurchstrahlung und Einfluß der einzelnen Korrekturen (Bohrloch 51a)

1 — Strahlungscharakteristik und Entfernungskorrektur, 2 — Entfernungskorrektur, 3 — Strahlungscharakteristikkorrektur, 4 — unkorrigierte Werte

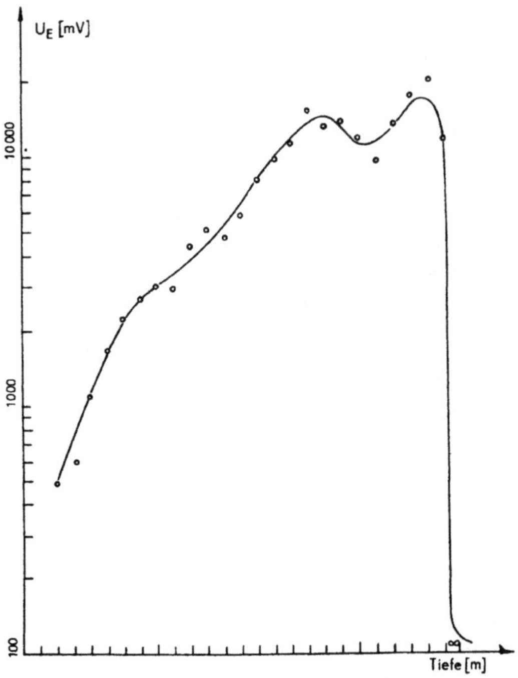

Abb. 7. Meßergebnisse der Bohrlochdurchstrahlung (Bohrloch 51)

tragen hierbei zur Schärfe der Übereinstimmung wesentlich bei, woraus die Wichtigkeit ihrer Durchführung verdeutlicht wird.

Mit einer derartigen Prägnanz lassen sich bei dem Wellendurchstrahlungsverfahren, das sonst zwischen Strecken oder anderen bergmännischen Auffahrungen angewendet wird, die Grenzen eines salzlösungsführenden Horizonts nur selten angeben. Das mag unter anderem darin begründet sein, daß in den Bohrungen definierte Versuchsbedingungen vorherrschen und Störeinflüsse wie in den Strecken oder Abbauen durch Metallteile, Leitungen, Rohre usw. entfallen.

Allerdings ist sehr erstaunlich, daß die Empfangsantennenspannung sofort von hohen Werten mit dem Beginn des Salzlösungen führenden Horizonts vollständig auf Null zurückgeht, obwohl sonst durch Beugungseinflüsse auch in der Schattenzone hinter dem elektrisch gut leitenden Horizont noch gut meßbare Feldstärkewerte zu beobachten sind. Der Kurvenverlauf, der praktisch in beiden Bohrungen, in denen die Empfängersonde verschoben wurde, gleich ist, kann nur so gedeutet werden, daß es sich bei der Salzlösungen führenden Zone um ein etwa in der Verbindungslinie zwischen den Punkten 26 der Bohrungen 51a und 48 erstreckendes Kluftsystem handelt, dessen Erstreckung in östlicher Richtung mindestens bis zu der mit A in Abb. 4 bezeichneten Zone reicht, da bei einer Senderstellung in 200 m Tiefe in Bohrung 48 und einer Empfängerstellung in 150 m Tiefe in Bohrung 51a immer noch kein Empfang festgestellt werden konnte. Die Schlußfolgerung über diese Richtung ergibt sich eindeutig aus dem markanten Anstieg der ·Feldstärkekurven vor dem salzlösungsführenden Horizont, der durch eine bevorzugte Führung der elektromagnetischen Wellen entlang der sich in der angegebenen Richtung erstreckenden Salzlösungszone zu erklären ist. Die Zwischenminima in den Kurven können ihre Ursache in Interferenzeinflüssen haben, können aber auch so interpretiert werden, daß es sich nicht um einen einheitlichen Salzlösungen führenden Raum handelt, sondern um ein gegliedertes und geklüftetes System. Die Richtigkeit der hinsichtlich der Richtungen aus den geophysikalischen Messungen abgeleiteten Schlußfolgerungen wird durch die Bohrung 47a und die Kluftrose untermauert.

Die hier dargelegten Untersuchungsergebnisse zeigen, daß das elektromagnetische Bohrlochwellendurchstrahlungsverfahren gut zur Feststellung und Erkundung von Salzlösungen führenden Horizonten im Salzgebirge geeignet ist, die zwischen Bohrungen liegen. Damit kann dieses Verfahren in Kombination mit Bohrungen zur Erkundung des Vorfelds von Grubenbauen, bei dem der Verdacht auf eine hydrologische Gefährdung besteht, eingesetzt werden und dadurch auch zur Reduzierung des Bohraufwands beitragen.

Zusammenfassung

Für die Anwendung des elektromagnetischen Bohrlochdurchstrahlungsverfahrens wurden einige erforderliche Untersuchungen zur Bestimmung der Dämpfung und der Reichweite der vorhandenen Apparatur sowie über die durchzuführenden Korrekturen angestellt. Am Beispiel einer Untertagemessung zur Erkundung der hydrogeologischen Situation zwischen Bohrungen in einem Salzbergwerk konnte gezeigt werden, daß Salzlösungen führende Horizonte gut mit dem Verfahren nachgewiesen werden können. Die eingesetzte Apparatur und die Anwendungsmethodik haben sich bewährt. Das elektromagnetische Bohrlochdurchstrahlungsverfahren ist geeignet, die Aussagekraft bei der Bohrerkundung zu erhöhen. Weiterhin ist eine Senkung der Anzahl der sonst erforderlichen Erkundungsbohrungen möglich.

Резюме

С целью использования электромагнитного метода просвечивания скважин были проведены некоторые необходимые исследования по определению затухания и радиуса действия имеющейся аппаратуры, а также по вносимым поправкам. На примере подземного исследования с целью выявления гидрологической ситуации между скважинами на соляном руднике можно показать, что горизонты, заключающие в себе соляные растворы, благодаря этому методу могут быть хорошо определены. Использованная аппаратура и применённая методика себя оправдали. Электромагнитный метод просвечивания скважин пригоден для получения лучшей информации при разведочном бурении. Возможно также уменьшение числа необходимых разведочных скважин.

Summary

Some studies necessary for using the electromagnetic bore-hole transmission method were made with a view to determining the damping and range of the apparatus available and of corrections to be provided. An underground measurement made to explore the hydrogeological situation between bore holes in a salt mine serves to show that horizons containing salt solutions can well be demonstrated by the method described, and that the apparatus and technique of application have proved useful. The method is suited for increasing the force of evidence in well-logging. Moreover, the number of otherwise necessary exploratory bore holes can be reduced.

Literatur

KASPAR, M.: Die Anwendung der elektromagnetischen Hochfrequenzmethode in der Bergbaugeophysik. — Freiberger Forsch.-H., C 161, 47—66 (1963).

— Meßapparatur für die neuen radiotechnischen Bohrlochverfahren. — Freiberger Forsch.-H., C 226, 113—119 (1967).

WINTER, U.: Untertagegeophysik im Kali- und Steinsalzbergbau zur Bekämpfung der Gas- und Laugengefahr. — VEB dt. Verl. Grundstoffindustrie, Leipzig 1966.

WINTER, U., & B. GERBER: Die komplexe Anwendung geophysikalischer Verfahren als Beitrag zur Klärung der hydrogeologischen Situation in einem Steinsalzbergwerk. — Bergakademie, 5, 264—270 (1969).

Bohren am Grunde des Stillen Ozeans

A. P. LISSIZYN, UdSSR

1. Einleitung

Vom Juni bis August 1969 nahmen auf Einladung des Nationalen wissenschaftlichen Fonds und des Direktors des Ozeanographischen Instituts „Scripp", Prof. W. NIERENBERG (USA), der Verf. und der Kandidat der geologisch-mineralogischen Wissenschaften, W. A. KRASCHENNINIKOW, an den Bohrarbeiten auf dem Schiff „Glomar Challenger" im Stillen Ozean teil. Die Expedition stand unter der Leitung der amerikanischen Wissenschaftler Prof. A. FISHER, Prof. B. HISEN und Prof. M. PETERSON. Die „Glomar Challenger" ist nicht das einzigartige und einzige Schiff für das Bohren am Meeresgrund. Allein die Firma „Global Marine" in Kalifornien besitzt über 10 Schiffe gleichartigen oder ähnlichen Typs. Von ihnen aus werden Offshore-Bohrungen auf Öl in verschiedenen Teilen des Weltozeans ausgeführt.

Am 11. Juni 1969 nahm das Schiff Kurs auf den nördlichen Teil des Stillen Ozeans. Es war unsere Aufgabe, den Boden des Ozeans an sieben für die Lösung einer Reihe geologischer Probleme entscheidenden Punkten zu durchbohren. Der erste Bohransatzpunkt lag auf dem Gipfel des submarinen Berges „Horizont". Er hat nur geringe Abmessungen; mit den üblichen Navigationsmitteln ist es nahezu unmöglich, im offenen Ozean genau zu ihm hinzukommen. Nichtsdestoweniger führte das wissenschaftliche Team des Schiffs bei seinen Beratungen vor dem Bohren die Diskussion nicht über den submarinen Berg an sich, sondern über dessen Details, die voneinander nur einige Dutzend Meter entfernt sind. Das Erreichen des Bohrpunkts mit einer solchen Genauigkeit — innerhalb eines Kreises mit einem Durchmesser von 100 m, manchmal auch weniger — wurde durch die Anwendung eines Systems der Satellitennavigation möglich.

Am 14. Juni erschienen im geophysikalischen Laboratorium auf den Bändern der selbstregistrierenden Echolote, der Seismikprofilographen und der Magnetometer zuerst die Aufzeichnungen des Hangs, dann auch des Gipfels des untermeerischen Berges. Kurz darauf befand sich das Schiff über dem ausgewählten Bohrpunkt. Während dieser Zeit bereitete sich die Mannschaft darauf vor, die akustische Boje auf den Meeresgrund hinabzulassen, um die herum ein automatisches System das Schiff ohne Anker streng am vorgegebenen Punkt hält. Die kleine Boje wurde ins Wasser gelassen, ihre Funktionssicherheit überprüft und dann auf dem Meeresgrund abgesetzt. Von diesem Augenblick an wurde das Schiff von elektronischen Maschinen gesteuert, die es über der Boje am Bohrpunkt ohne Beteiligung des Menschen festhalten. Gleichzeitig begann der Bohrprozeß.

2. Wie bringt man Bohrungen im Ozean nieder?

Für das Niederbringen von Bohrungen auf dem Grunde des Ozeans wurde das Rotarybohren mit Kernentnahme

Aus: Priroda, Nr. 12 (1970), S. 48—64 (leicht gekürzt).
Übers.: W. OESTREICH, Berlin.

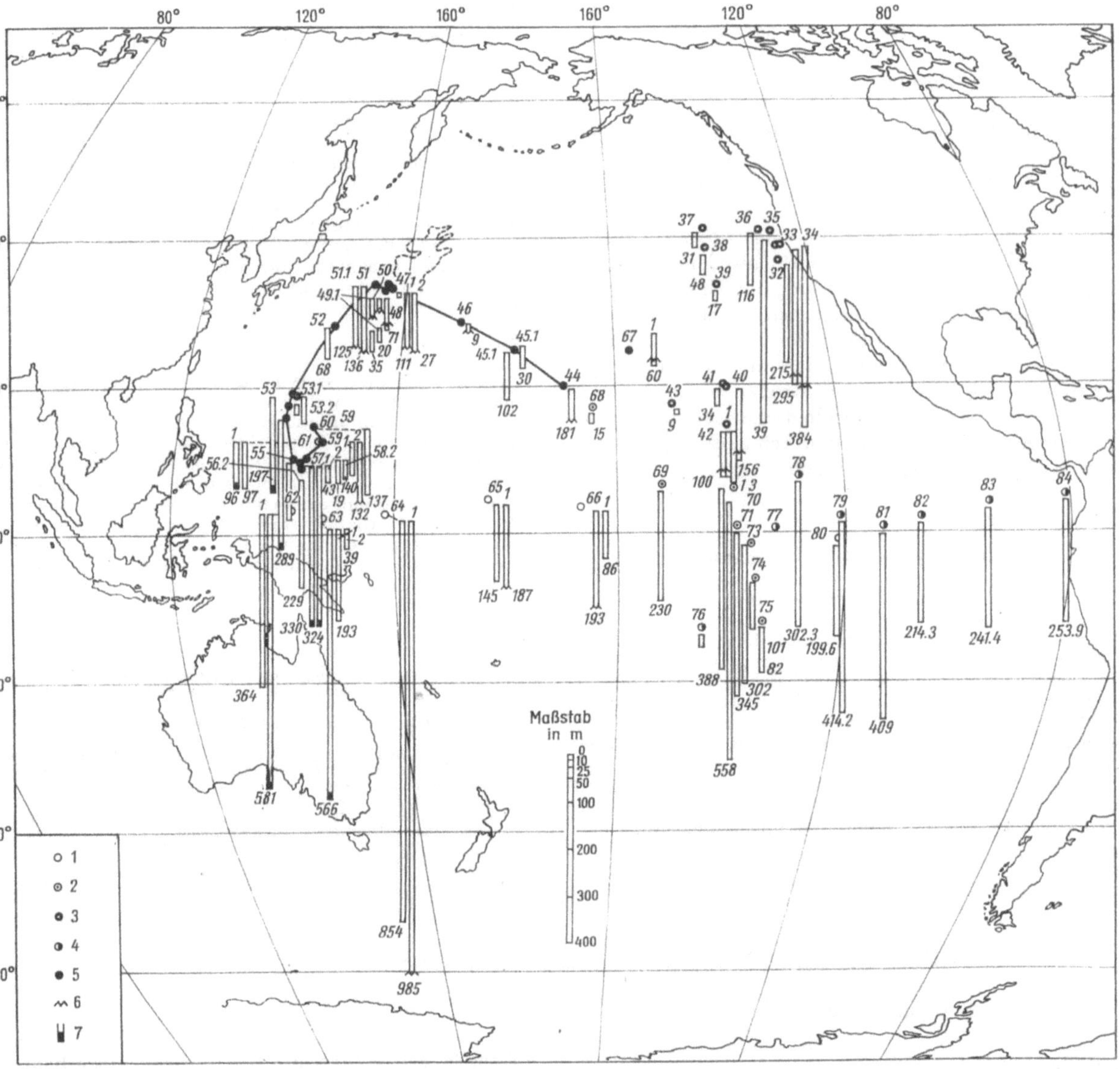

Abb. 1. Schema des Bohrens am Boden des Stillen Ozeans

Die Teufen der Bohrungen, die auf der VII. (1.), VIII. (2), V. (3.), IX. (4.) und VI. (5.) Fahrt niedergebracht wurden, sind maßstabsgerecht eingetragen. Unterschieden wird zwischen Bohrungen, die in Flinten (6) und in Basalten (7) eingestellt wurden.

gewählt. Diese in der Erdölindustrie wichtigste Methode gestattet, Bohrungen mit großer Schnelligkeit und auf maximale Teufe niederzubringen.

Gegenüber dem Bohren auf festem Land muß eine Bohranlage auf einem Schiff die speziellen Bedingungen des Schlingerns, der stürmischen Winde, starker Strömungen und starker Korrosion des Metalls durch das Meerwasser berücksichtigen. Auf den ersten Blick scheint das Bohren unter solchen Verhältnissen undurchführbar zu sein. Hier einige Einzelheiten über die Spezialausrüstung.

Im Zentrum des Schiffes steht der Bohrturm mit einer Höhe von 42 m, innerhalb dessen sich ein System von Blöcken für das Einbauen und das Ziehen der Bohrrohre befindet. Im Gegensatz zu den Bohrtürmen auf dem Festland läuft der Block des Flaschenzugsystems hier auf zwei Leitschienen, was ein Schaukeln bei der Arbeit unter den Verhältnissen des Schlingerns verhindert. Eine andere Besonderheit besteht darin, daß man anstelle des Drehtischs für das Rotieren des Gestängestrangs eine in der Bohrtechnik neue Einrichtung benutzt, nämlich einen hydraulischen Kraftspülkopf, eine Art starke Hydroturbine, die am oberen Teil des Gestängestrangs befestigt ist. Eine solche Einrichtung ist bei der Arbeit im Ozean erforderlich, da während des Schlingerns das Risiko groß ist, daß die Rohre in Höhe des Drehtischs abreißen. Der Kraftspülkopf garantiert das Drehen des Gestängestrangs mit verschiedenen Geschwindigkeiten.

Die Bohrrohre verlaufen durch den zentralen Teil des Schiffes in einem speziellen trichterförmigen Schacht, der durch den Boden des Schiffes geht.

Beim Bohren in Ozeanen, wo sich die Bohrlochmündung etwa 6 km unter dem Schiff befindet, ist die Verwendung von Futterrohren für die Befestigung der Bohrlochwandungen bislang unmöglich. Es ist ferner verständlich, daß es beim Meißelwechsel an der Oberfläche praktisch unmöglich ist, erneut auf dem Boden des Ozeans die Bohrlochmündung mit einem Durchmesser von etwa 25 cm zu treffen. Zur Gewinnung des Gesteinskerns wird innerhalb des Gestängestrangs an einer Trosse ein Probenahmegerät mit einer Länge von 9 m heruntergelassen. Wenn es das Rohr unmittelbar über dem Meißel erreicht hat, wird es mittels spezieller „Fixatoren" befestigt, und sein vorderer Teil tritt in die Öffnung im zentralen Teil des Meißels ein. Beim Bohren dringt die Gesteinssäule in diesen Hohlraum. Nach 9 m kann das Gerät ausgefahren und ein neues eingelassen werden. Auf diese Weise kann man ohne Ziehen und Demontage der Rohrtour mit großer Schnelligkeit nahezu ununterbrochen kernen. In den ersten Bohretappen waren die Kernverluste ziemlich hoch, manchmal 30 bis 40%, bald jedoch erreichte der Kerngewinn 70 bis 95%, in einigen Fällen auch 100%. Solche Kennziffern sind sogar für das Bohren auf dem Festland sehr hoch.

Ein anderes Problem beim Bohren im Ozean ist die praktische Unersetzbarkeit des Meißels, weil es nach seinem Ersatz unmöglich ist, das Bohrloch wiederzufinden. Allerdings wurden vor zwei Monaten Erprobungen eines neuen Systems zum mehrfachen Eindringen des Meißels in die Bohrung abgeschlossen. Bei dem gegenwärtigen Stand wird jedoch die Tiefe des Vortriebs der Bohrung im wesentlichen vom Verschleiß des Meißels bestimmt. Deshalb verwendet man beim Bohren die widerstandsfähigsten schweren Diamantmeißel.

Das Auftreten sehr harter Gesteine am Boden — Basalte oder Flinte — hat zu Komplikationen geführt. Eine sehr unangenehme Überraschung für die Geologen war die Entdeckung zahlreicher zwischengeschalteter Feuersteinlagen von außerordentlich großer Härte und Sprödigkeit, die rasch die stabilsten Meißel zerstören. Es zeigte sich, daß es erheblich einfacher ist, Basalte zu bohren als diese Feuersteine. Wenn die über diesen Gesteinen liegende Schicht der Sedimentgesteine eine Mächtigkeit unter 100 m aufweist, beginnt der Meißel auf der Oberfläche der Basalte zu rutschen, er bohrt ein Loch mit großem Durchmesser, ohne ins Gestein einzudringen. Erst eine Sedimentfolge von etwa 100 m bildet eine gewisse Führung.

Das wichtigste Problem ist natürlich das Festhalten des Schiffes genau über dem Bohrpunkt. Bei einer mittleren Ozeantiefe von 5 km ist die Verwendung von Ankern ausgeschlossen. Auf der „Glomar Challenger" wird ein dynamisches System zum Fixieren des Schiffes am Bohrpunkt über einer akustischen (Ultraschall-) Boje benutzt, die am Meeresboden in der Nähe der Bohrlochmündung aufgestellt ist. Die Signale der Boje werden von drei Hydrophonen am Schiffsboden aufgefangen. Eine elektronische Rechenmaschine wandelt sie in entsprechende Befehle für die seitlichen Stoßschrauben (trasters) oder die beiden Antriebsschrauben des Schiffes um. Sogar beim Durchzug des Taifuns „Viola", der Zerstörungen hervorrief und auf den Philippinen Menschenopfer forderte, hat dieses elektronische System sicher funktioniert und das Schiff am vorgegebenen Punkt ohne Beteiligung des Menschen festgehalten.

Der Seilkernapparat arbeitet beim Hebevorgang mit großer Geschwindigkeit. 300 bis 600 m Trosse werden pro Minute aufgewickelt. Der zutage gebrachte Kern wird zuerst im Laboratorium an Bord des Schiffes, später in Laboratorien auf dem Festland eingehend untersucht.

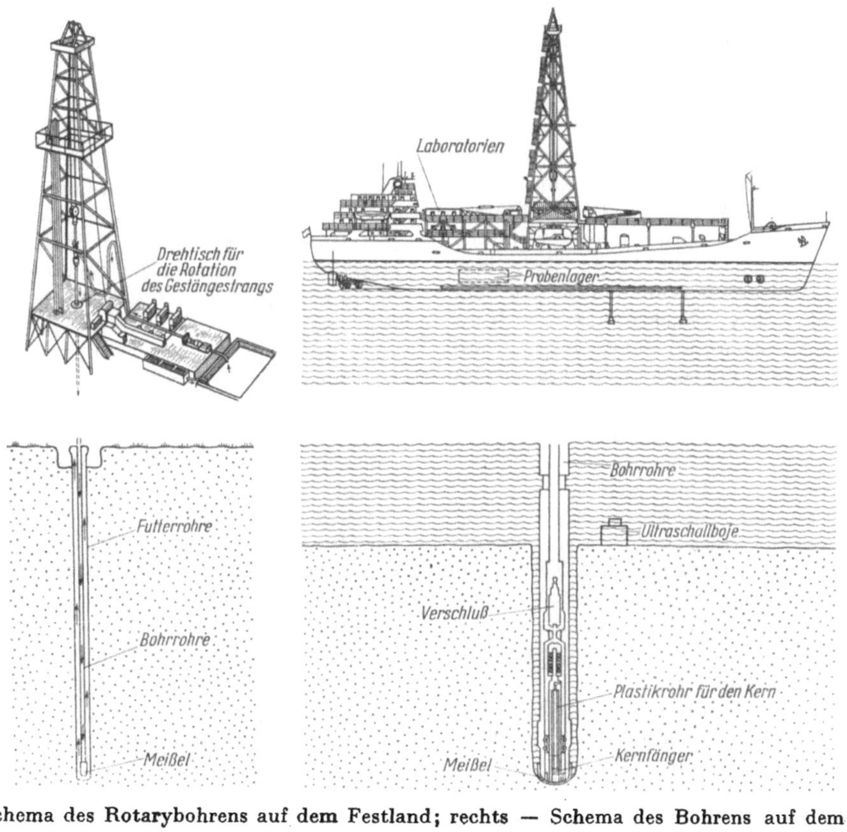

Abb. 2. Links — Schema des Rotarybohrens auf dem Festland; rechts — Schema des Bohrens auf dem Boden des Ozeans

3. Die Bearbeitung des Bohrkerns

Die Laboratorien sind von vornherein durch Automaten auf eine maximale Automatisierung und Spezialisierung aller Prozesse angelegt. Das führt zu einer hohen Produktivität. Deswegen kann auch das wissenschaftliche Personal aus einem Minimum an Personen, insgesamt 10 Mann (zeitweise auch weniger), bestehen. Den hochqualifizierten Wissenschaftlern stehen 4 bis 6 Techniker zur Seite.

Alle Laboratorien und Wohnräume sind mit Klimaanlagen versehen; sie besitzen Schallisolierung und Vibrationsschutz. Von den gewöhnlichen Schiffskajütenlaboratorien unterscheiden sich auch die großen Säle für lithologische, paläontologische und geochemische Untersuchungen.

Der Bohrkern wird der 9 m langen Hülse entnommen und in eine durchsichtige Plasthülle eingeschlossen. Auf einem entsprechenden Gerät wird er in 1,5 m lange Standardabschnitte geschnitten, die dann von den Enden her mit Kunststoffhauben umgeben werden. Die markierten Abschnitte kommen für die allseitige Untersuchung und die Aufbewahrung ins Labor.

Die Untersuchung der Abschnitte beginnt mit dem automatischen Photographieren unter Röntgenstrahlen. Das ergibt die Möglichkeit, die verschiedenartigen Einschlüsse im Kern sowie die Besonderheiten seiner Struktur zu sehen, die sich im gewöhnlichen Licht häufig nicht feststellen lassen. Das Photographieren erfolgt kontinuierlich über die gesamte Länge des Kerns — man erhält eine Röntgenaufnahme von vielen Kilometern Länge! Die Bestimmung des Kerngewinns erfolgt automatisch; der Abschluß der Aufnahme wird durch ein spezielles Signal mitgeteilt.

Dann wird der Kernabschnitt in einer automatischen Anlage auf die natürliche Gammaaktivität untersucht. Bekanntlich hängt die Gammaaktivität der Sedimente im wesentlichen von ihrem Kaliumgehalt ab; daher gibt dieses Verfahren die Möglichkeit, nicht nur indirekt den Kaliumgehalt in den Kernen zu bestimmen, sondern auch auf der Basis der Gammakurven einen Vergleich verschiedener Kerne durchzuführen. Nach dem Niederbringen der Bohrung wird gewöhnlich das Gammalog durchgeführt. Auf dessen Grundlage kann man die Abschnitte des Kerns mit den entsprechenden Schichten im Bohrloch vergleichen, d. h. den Kern an die verschiedenen Horizonte im Bohrloch genau anschließen. Die Registrierung der Gammaaktivität erfolgt kontinuierlich über die gesamte Länge des Kerns, der während der Zeit der Analyse durch ein Spezialtransportband bewegt wird.

Beim dritten Automaten zur Untersuchung der physikalischen Eigenschaften der Sedimente handelt es sich um eine Anlage, an der mit Hilfe einer Neutronenquelle kontinuierlich über die gesamte Länge des Kerns hinweg Feuchtigkeit und Raumgewicht bestimmt werden. Die Daten über das Raumgewicht der Sedimente werden bereits auf dem Schiff für die Interpretation der Anzeigen des Seismoprofilographen benötigt.

Im darauffolgenden nichtautomatischen Teil der Untersuchung bestimmen Techniker die Schallgeschwindigkeit in den Kernen, ferner die Wärmeleitfähigkeit und die elektrischen Eigenschaften der Sedimente. Die gesamte operative Information wird auf spezielle Tafeln, die im Labor hängen, eingetragen.

Erst nach Durchlaufen all dieser Etappen gelangen die Kernstücke schließlich zu den Lithologen und Paläontologen.[1])

Die lithologische Untersuchung beginnt damit, daß eine Spezialgesteinsschneidemaschine den in Kunststoff eingehüllten Kern der Länge nach halbiert. Die beiden Kernhälften werden dann makroskopisch untersucht und Präparate für das Binokular und das Polarisationsmikroskop hergestellt. Am Kern geht die Bestimmung der physikalischen Eigenschaften weiter. Insbesondere wird über die gesamte Kernlänge die Dichte mit Hilfe einer Penetrometernadel bestimmt. Es kommen auch Proben für die gravimetrische Bestimmung der Feuchtigkeit zur Entnahme. So erfolgt eine Kontrolle der Bestimmungen durch die Automaten. Ein anderes Verfahren zur Automatenkontrolle stellt die Verwendung von Standardproben dar, die zu Beginn jeder Wache in alle Geräte gegeben werden.

Eine Kernhälfte ist für die Sammlung bestimmt; an ihr erfolgen die makroskopische Beschreibung und die Entnahme kleiner Proben für mikroskopische Untersuchungen. Dann wird dieser für die Sammlung bestimmte Teil des Kerns mit einem Lastenaufzug in das untere Labor befördert, wo er über seine ganze Länge schwarzweiß und farbig photographiert wird. Die Güte der Farbwiedergabe wird durch einen speziellen Standard kontrolliert.

Die andere Hälfte des Kerns dient für die Entnahme verschiedenartiger Proben, deren Untersuchung entweder in Laboratorien auf dem Schiff oder später auf dem Lande erfolgt. Auf dem Schiff werden hauptsächlich jene Charakteristiken analysiert, die sich bei einer Aufbewahrung ändern können: der pH-Wert und das Redoxpotential der Sedimente; die Porenwässer, ausgepreßt mit hydraulischen Pressen; Analyse ihrer Zusammensetzung; Analyse der Gase mit dem Gasanalysator.

Im geochemischen Labor sind die automatischen Anlagen für die Analyse konzentriert, ferner die automatischen Elektrowaagen in kardanischer Aufhängung, die analytische Bestimmungen des Gewichts erlauben. Das Problem des Wägens beim Schlingern und Vibrieren stand bereits während der Reisen der „Challenger" im Jahre 1872 an. Lange Zeit über waren die Möglichkeiten der analytischen Untersuchungen auf Schiffen sehr stark beschränkt. Die Verwendung automatischer Elektrowaagen hat diese Schwierigkeit überwunden.

Nach der Entnahme der Proben im lithologischen Laboratorium wird der Kernabschnitt in einen Spezialcontainer von halbrunder Form gelegt, hermetisiert und im Lift in das untere paläontologische Labor gebracht. Die hier genommenen Proben werden für Analysen im Schiffslabor, aber auch für eingehendere zusätzliche Untersuchungen nach Abschluß der Expedition verwendet. Auf dem Schiff werden gewöhnlich systematisch die drei für die Altersbestimmung wichtigsten Gruppen der Mikroorganismen untersucht: Foraminiferen, Radiolarien und Kokkolithophoriden.

---

[1]) Schnellbestimmungen des Alters sowie der Zusammensetzung der Kerne werden, um eine Orientierung über den Gang des Bohrens zu erhalten, auch schon früher durchgeführt; und zwar verwendet man dazu das Material aus dem oberen und unteren Teil der neun Meter langen Kerne.

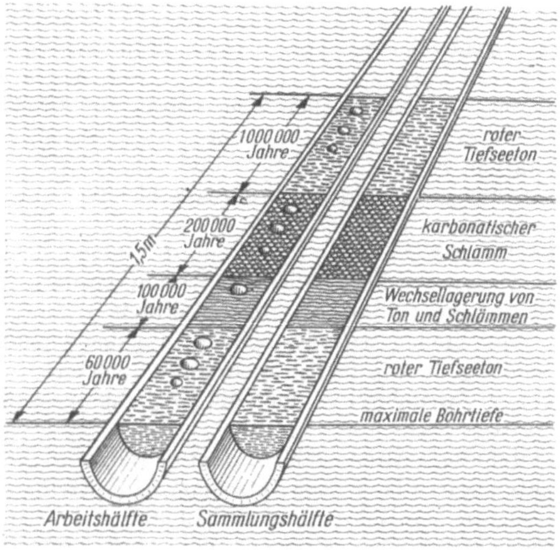

Abb. 3. Nach der Untersuchung der physikalischen Eigenschaften wird der Kern auf einer Spezialanlage geschnitten. Aus der „Arbeits"hälfte des Kerns werden die Proben entnommen.

Das paläontologische Labor besitzt die gesamte notwendige Ausrüstung, darunter auch vollkommene optische Mikroskope für die Untersuchung der Kokkolithophoriden. Hier befindet sich auch eine unikale Nachschlagebibliothek aus Büchern, Sonderdrucken und unveröffentlichten Materialien, die von Prof. W. Riedel speziell für das Schiff zusammengestellt wurde. Große Hilfe bei der Arbeit leistet auch eine umfangreiche Kollektion von Vergleichspräparaten von Mikroorganismen und Präparaten für die Beschreibung der Bodensedimente. Da das Bohren im Ozean erstmalig erfolgt, das Schiff mit einer komplizierten und mannigfaltigen Technik ausgerüstet ist, sind unerwartete Ereignisse möglich. Daher ist die Nachschlageliteratur über die verschiedensten Gebiete von Wissenschaft und Technik äußerst notwendig.

Eine andere wissenschaftlich-technische Bibliothek befindet sich in einem einzelnen Raum. Sie enthält eine große Menge neuer Literatur über Wissensgebiete, die mit der Geologie, dem Bohren und dem Ozean im Zusammenhang stehen. Nachschlagebibliotheken gibt es auch beim Kapitän, dem Adjudanten, dem Obermechaniker und dem Bohrchef. Beliebige zusätzliche Nachschlagematerialien können unverzüglich vom Lande, aus dem Ozeanographischen Institut „Scripp", per Funk mit Hilfe von Faksimileapparaten und der Text auch über Teletype erhalten werden. Faksimileapparate werden auch in weitem Umfang benutzt, um an Bord des Schiffes meteorologische Karten zu empfangen, Informationen von den Wettersatelliten und besonders häufig für den unverzüglichen Erhalt der Originale von Aufzeichnungen verschiedener Geräte auf Schiffen, die die vorauslaufenden Untersuchungen zur genauen Festlegung der Bohransatzpunkte durchführen.

Da die Bohrarbeiten sehr teuer und kompliziert sind, wird jeder Bohrpunkt auf der Grundlage der gesamten vorhandenen Informationen sorgfältig ausgewählt. Ein Schiff für ozeanographische Arbeiten wird in das interessierende Gebiet entsandt, wo eine eingehende Untersuchung angestellt wird, um die effektivste Stelle für das Bohren auswählen zu können.

Während der Arbeit, über die hier berichtet wird, wurden solche vorauslaufenden ozeanographischen Untersuchungen von dem Schiff „Argo" aus ausgeführt. Mittels Faksimileapparaten erhielten wir regelmäßig von diesem Schiff, das der „Glomar Challenger" um mehrere Stationen voraus war, die Originale der Registrierungen. Gewöhnlich wurden sie auch von Empfehlungen über den rationellsten Ansatz der Punkte begleitet.

Schließlich werden alle Proben in spezielle Kunststoffbehälter verpackt; der Kernabschnitt gelangt mit dem Lift in das vierte Stockwerk der wissenschaftlichen Abteilung des Schiffes, in den Refrigerator. Auf dem unteren Deck der „Glomar Challenger" sind Refrigeratorcontainer aufgestellt, in denen die Proben bei einer Temperatur um + 2°C aufbewahrt werden. In den gleichen Containern werden sie auf Frachtdampfern nach San Diego oder ins Lamont-Observatorium gebracht, auf Autos transportiert und schließlich in Lagern aufbewahrt. Es gibt zwei solcher Lager: für die Proben aus dem Atlantischen Ozean im Lamont-Observatorium, für die Proben aus dem Stillen Ozean im Scripp-Institut.

Der Weg jedes Kernabschnitts ist so kompliziert und lang, die Anzahl der aus ihnen entnommenen Proben so groß, daß, um sie gewissenhaft mit Etiketts versehen zu können, auf dem Schiff eine spezielle Druckmaschine aufgestellt werden mußte. Ferner gibt es eine Maschine für das Kopieren der Dokumentation. Es ist verständlich, daß eine genaue Organisation der gesamten Arbeiten sowohl hinsichtlich der Analyse als auch hinsichtlich der Primärbearbeitung der Daten, ihrer Zuordnung zu den einzelnen Kernen, Kernabschnitten und den Bohranlagen im ganzen erforderlich ist.

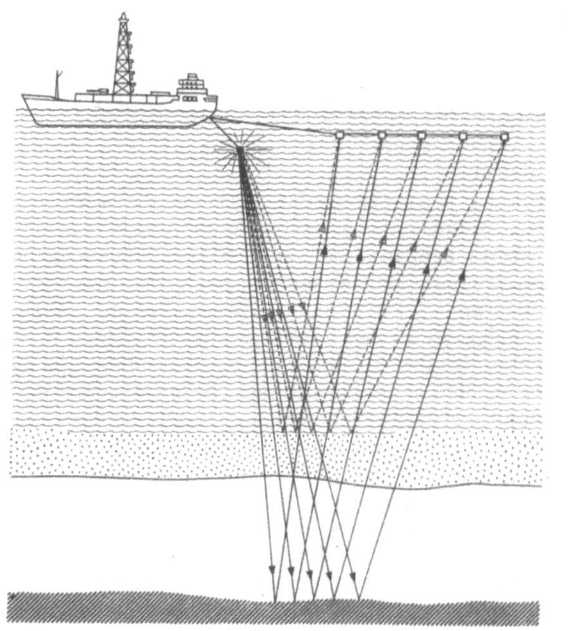

Abb. 4. Arbeitsschema des Seismoprofilographen

Die von der Impulsquelle ausgesandten Schwingungen werden von der Oberfläche des Bodens und von den reflektierenden Tiefenschichten reflektiert. Die Reflexionen werden von einer seismischen „Schleife" aufgenommen und auf dem Schiff von einem Autographen registriert.

Es wird nicht nur während des Bohrens auf einer Station angestrengt gearbeitet, sondern auch während der Fahrt zum neuen Punkt. In einem Speziallabor arbeiten ständig die Autographen, kommt die Information von den Wettersatelliten und vom Teletype an. Während der Fahrten zwischen den Punkten hält ein Teil der Techniker an den Geräten im geophysikalischen Labor Wache; andere schließen die Untersuchungen der physikalischen Eigenschaften in den Automaten ab; auch die wissenschaftlichen Mitarbeiter setzen ihre Arbeiten fort.

Die Abstände zwischen den Stationen betragen gewöhnlich 1 bis 2 Fahrttage, was die Möglichkeit gibt, Stauungen des gesammelten Materials zu beseitigen. Die gleiche Zeit wird für die Anfertigung von Dünnschliffen der festen Gesteine und ihre Untersuchung verwendet, ferner für detailliertere Bestimmungen der verschiedenen Eigenschaften der Bodensedimente. Allmählich bilden sich aus den zahlreichen Informationsflüssen die wichtigsten wissenschaftlichen Vorstellungen, die überprüft und präzisiert werden und die am Ende jeder Fahrt in Gestalt eines umfangreichen wissenschaftlichen Berichts niedergelegt werden. Nach der zusätzlichen Bearbeitung und Überprüfung in den Laboratorien an Land wird das Material jeder Fahrt zur Veröffentlichung vorbereitet.

4. Was verbirgt sich in den Lockersedimenten des Ozeanbodens?

Lange Zeit konnten die Wissenschaftler den Bau und die Mächtigkeit der sedimentären Decke am Boden der Meere und Ozeane nur indirekt beurteilen. Auf der Grundlage zahlreicher Bestimmungen der Schallgeschwindigkeit in verschiedenen Gesteinen gelang es, ein typisches Profil der Folge der ozeanischen Sedimente und der sie unterlagernden Gesteine aufzustellen. Nach der Schallgeschwindigkeit allein kann man jedoch nicht exakt die Zusammensetzung der unter dem Boden des Ozeans liegenden Gesteine bestimmen, man kann lediglich das Auftreten von Gesteinen vermuten, die hinsichtlich ihrer Geschwindigkeitscharakteristiken einander ähnlich sind.

Mit der Entwicklung der Methodik der seismischen Untersuchungen in den letzten Jahren wurde es möglich, die oberen Schichten der sedimentären Folge eingehender zu studieren. Mittels eines Spezialgeräts, des Seismoprofilographen, kann man gewissermaßen die sedimentäre Folge bis zu den unterlagernden Gesteinen durchleuchten. Im Prinzip ähnelt der Seismoprofilograph dem Echolot, aber er sendet stärkere Niederfrequenzimpulse aus und registriert nicht nur die Oberfläche des Ozeanbodens, sondern auch alle reflektierenden Horizonte in der Folge der ozeanischen Sedimente. Impulsquelle sind kleine Explosionen (Sprengungen), ein starker elektrischer Funke oder eine spezielle Luftkanone, die an einem Kabel hinter dem Schiff hergezogen wird.

Die modernen Seismoprofilographen erlauben, 1 bis 4 km in die Sedimente des Ozeanbodens einzudringen. Heute haben die mit Seismoprofilographen ausgerüsteten Forschungsschiffe etwa 1 Mill. km zurückgelegt. Es ist möglich geworden, die allgemeinen Baugesetzmäßigkeiten der lockeren Sedimentfolge nachzuweisen. Dabei zeigte sich, daß gewöhnlich vier reflektierende Schichten in Erscheinung treten, zwischen denen akustisch durchlässige Schichten liegen. Für den Atlantischen Ozean wurden sie vorbehaltlich mit α, A, β und B bezeichnet. Im Karibischen Meer wurde ein ähnlicher Bau der sedimentären Folge nachgewiesen. Da aber die Korrelation zwischen den Schichten des Karibischen Meeres und des Atlantischen Ozeans bislang noch unklar ist, werden diese Schichten des Karibischen Meeres dementsprechend mit α'', A'', β'' und B'' bezeichnet. Im Stillen Ozean wurden ähnliche Schichten gefunden, die die Bezeichnung α', A', β', und B' erhielten. An einer Reihe von Stellen tritt die Schicht A jedoch nicht in Erscheinung; häufig fehlen auch andere Schichten und keilen aus. Zweifelhaft ist auch die Möglichkeit des Vergleichs dieser Schichten.

Entstehung, Alter und Zusammensetzung dieser Schichten waren lange Zeit rätselhaft. Unmittelbar vor dem Beginn des Bohrens im Stillen und Atlantischen Ozean wurden Stellen gefunden, an denen die Schicht A an die Oberfläche des Bodens ausstrich. Beim Baggern und bei der Arbeit mit Bodenprobenentnahmegeräten gelang es, Proben von Sedimenten aus dieser Schicht zu erhalten. Es zeigte sich, daß es sich um kretazische karbonatische Ablagerungen handelt. Unter Berücksichtigung dessen, daß die Oberfläche der Schicht A fast horizontal liegt und die Unebenheiten des Ozeanbodens nicht einhüllt, hielten sie viele Wissenschaftler für Suspensionsströme.[2] Daraus ergab sich die Annahme daß in der Schicht der Ozeane irgendeine Periode mit außerordentlich breiter Entfaltung von Suspensionsströmen existierte. Ich möchte vorweggreifend sagen, daß es beim Bohren im Atlantischen Ozean tatsächlich gelang, Proben von Turbiditen zu erhalten, die der Schicht A entsprechen, daß aber der Hauptteil der Kerne keine solchen Turbidite enthält. In den meisten Kernen aus dem Stillen Ozean wurden sie auch nicht gefunden.

Es wurde angenommen, daß irgendeine Katastrophe, die mit der kolossalen Entwicklung der Turbidite im

[2]) Das sind Ströme, die mit sedimentärem Material, im wesentlichen Schlamm und Sand, gesättigt und daher schwerer als die umgebenden Wässer sind. Sie fließen am Boden über große Entfernungen und führen die Sedimente mit sich. Die Ablagerungen solcher Ströme nennt man häufig Turbidite.

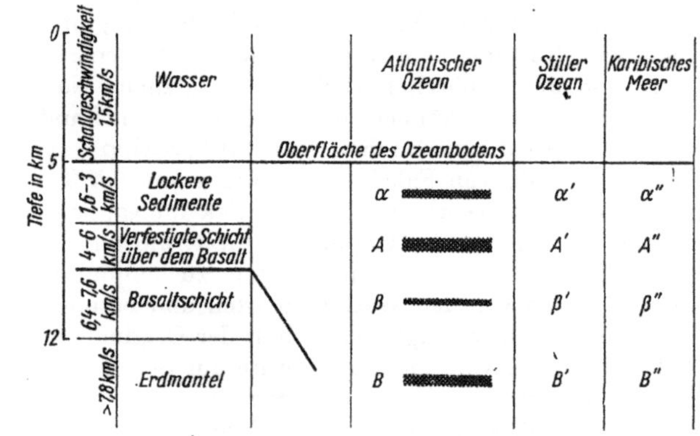

Abb. 5. Bau der Erdkruste und der sedimentären Folge in den Ozeanen (nach seismischen Daten)

Rechts: — Schema des Baues der sedimentären Folge nach den Daten der Seismoprofilierung. Angegeben sind die Reflexionen der Hauptreflexionsschichten für den Atlantischen und den Stillen Ozean sowie für das Karibische Meer. Zwischen den reflektierenden Schichten liegen die akustisch durchlässigen Schichten. Die Korrelation der Schichten ist vorbehaltlich.

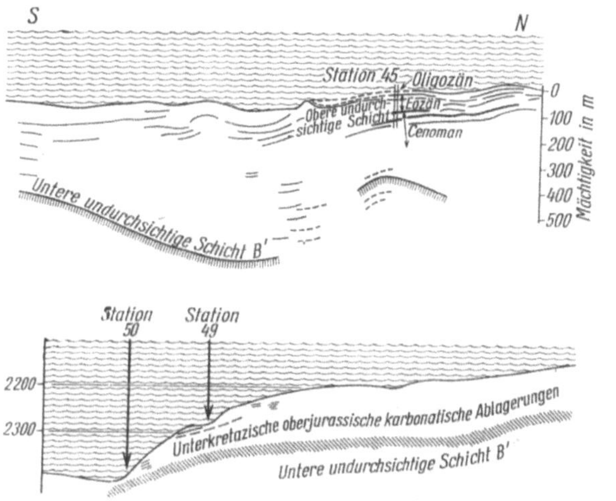

Abb. 6. Bau der sedimentären Folge im Stillen Ozean (Bohrgebiet auf den Stationen 45, 49 und 50)

Oben: Gebiet zwischen den Hawaii-Inseln und der SCHATSKI-Erhebung. Dargestellt werden die wichtigsten reflektierenden Horizonte und ihr Alter, das durch die Bohrungen ermittelt wurde.

Unten: Westliche Abdachung der SCHATSKI-Erhebung. Gezeigt wird der untere reflektierende Horizont und das Alter der ihn überdeckenden Schichten.

Zusammenhang steht, einem revolutionären Wechsel der Verhältnisse an der Grenze zwischen Mesozoikum und Tertiär entspricht, d. h. vor etwa 70 Millionen Jahren stattfand.

Auch andere Überlegungen wurden geäußert, da ein Teil des Materials zeigte, daß die Ablagerungen der Schicht *A* keine Turbidite sein können. Diese Überzeugung vermitteln insbesondere die kalkigen Gesteine dieser Schicht, die im Stillen und Atlantischen Ozean angetroffen wurden.

Das Bohren lieferte eine völlig andersartige Lösung dieses Rätsels. Als unerwartet für die Geologen erwies sich, daß in den meisten Fällen Zwischenlagen von Feuersteinen, die bereits auf der ersten Fahrt der „Glomar Challenger" entdeckt wurden, der reflektierenden Schicht *A* entsprechen. Diese Entdeckung war für die Bohrfachleute äußerst unangenehm: Die Flinte waren sehr hart, in ihnen werden beim Bohren die widerstandsfähigsten Diamantmeißel sehr schnell zerstört. Aus einer Zwischenlage solcher Feuersteine kann man kein kompaktes Kernstück herausbohren; im Gesteinsproben-

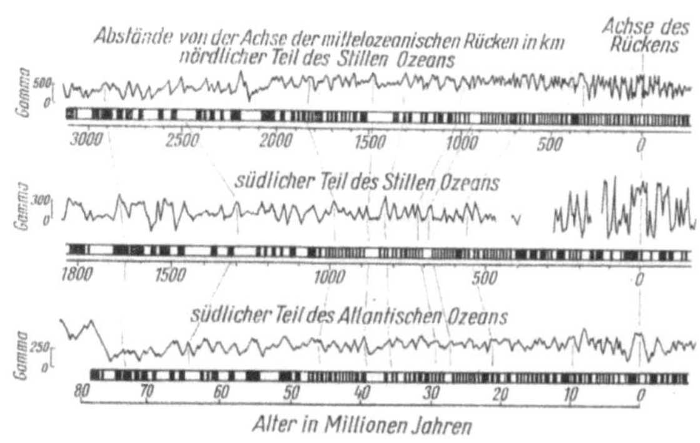

Abb. 7. Magnetische Anomalien in den Profilen im Stillen und Atlantischen Ozean, die senkrecht zu den mittelozeanischen Rücken verlaufen, und ihre Interpretation

Untere Skala: Alter der Basalte des Ozeanbetts (in Mill. Jahren), bestimmt nach den Anomalien

entnahmegerät sind nur scharfeckige halbdurchsichtige 1 bis 3 cm große Splitter, ferner Kiessand, enthalten.

Während beim Durchteufen der gewöhnlichen Sedimente des Ozeanbodens im Verlauf weniger Minuten ein 9 m langer Kern herausgebohrt wurde, dauerte das Durchsinken weniger Zentimeter ozeanischer Feuersteine viele Stunden und hörte gewöhnlich mit der vollständigen Zerstörung des Meißels auf. Als wir an die mineralogische Untersuchung der auf der 6. Fahrt erhaltenen Kerne gingen, stellte sich als paradoxe Tatsache eine „Diamantverunreinigung" der Kerne in der Nähe der Flintzwischenlagen heraus. Z. B. befanden sich in der Fraktion 0,1 bis 0,25 mm des Sediments 2,44% Diamanten, in den größeren Fraktionen 1 bis 0,1%; zusammen mit den Diamanten wurden in erheblichen

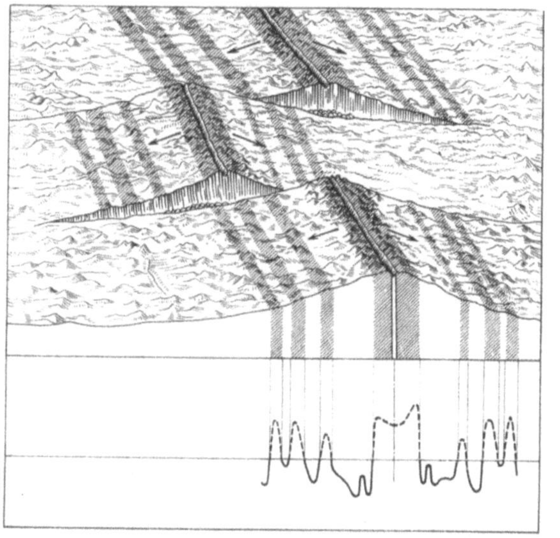

Abb. 8. Streifenartige magnetische Anomalien in der Nähe der mittelozeanischen Rücken

Unten: Beispiel einer Registrierung; oben: Interpretation

Mengen auch bronzegetönte Körner als Reste der Legierung, mit denen die Diamanten im Meißel armiert werden, gefunden. Man kann feststellen, daß der Hauptteil der Kieselzwischenlagen mit der Schicht *A* zusammenfiel und daß folglich diese Schicht mit den Turbiditen nichts gemeinsam hat. Die Bildung der Flinte hängt mit der Lösung der Diatomeenpanzer und Radiolarienskelette in den Sedimenten, der Neuverteilung ihrer Kieselsäure in der Porenlösung und ihrem Absatz unter bestimmten Verhältnissen in Form von Zwischenlagen zusammen. Es wird verständlich, warum die Lagerung der Schicht *A* nicht mit dem Relief des Bodens sowie des primären Ozeanbetts zusammenhängt. In den gewonnenen Feuersteinproben beträgt die Schallgeschwindigkeit 2,8 km/s; in den Lockersedimenten ist der entsprechende Wert 1,5 bis 1,7 km/s. Es ergab sich ferner, daß im südlichen Teil des Atlantischen Ozeans der Schicht *A* eine geringmächtige Zwischenlage aus kalkigem Material entspricht, die MAXWELL-Schicht genannt wurde; in vielen Fällen enthält diese auch Zonen mit vulkanischem Material.

Meist hat die Schicht der Flinte im Atlantischen und im Stillen Ozean eozänes oder kretazisches Alter, in der Nähe der hawaiischen Inseln sogar oligozänes; d. h.,

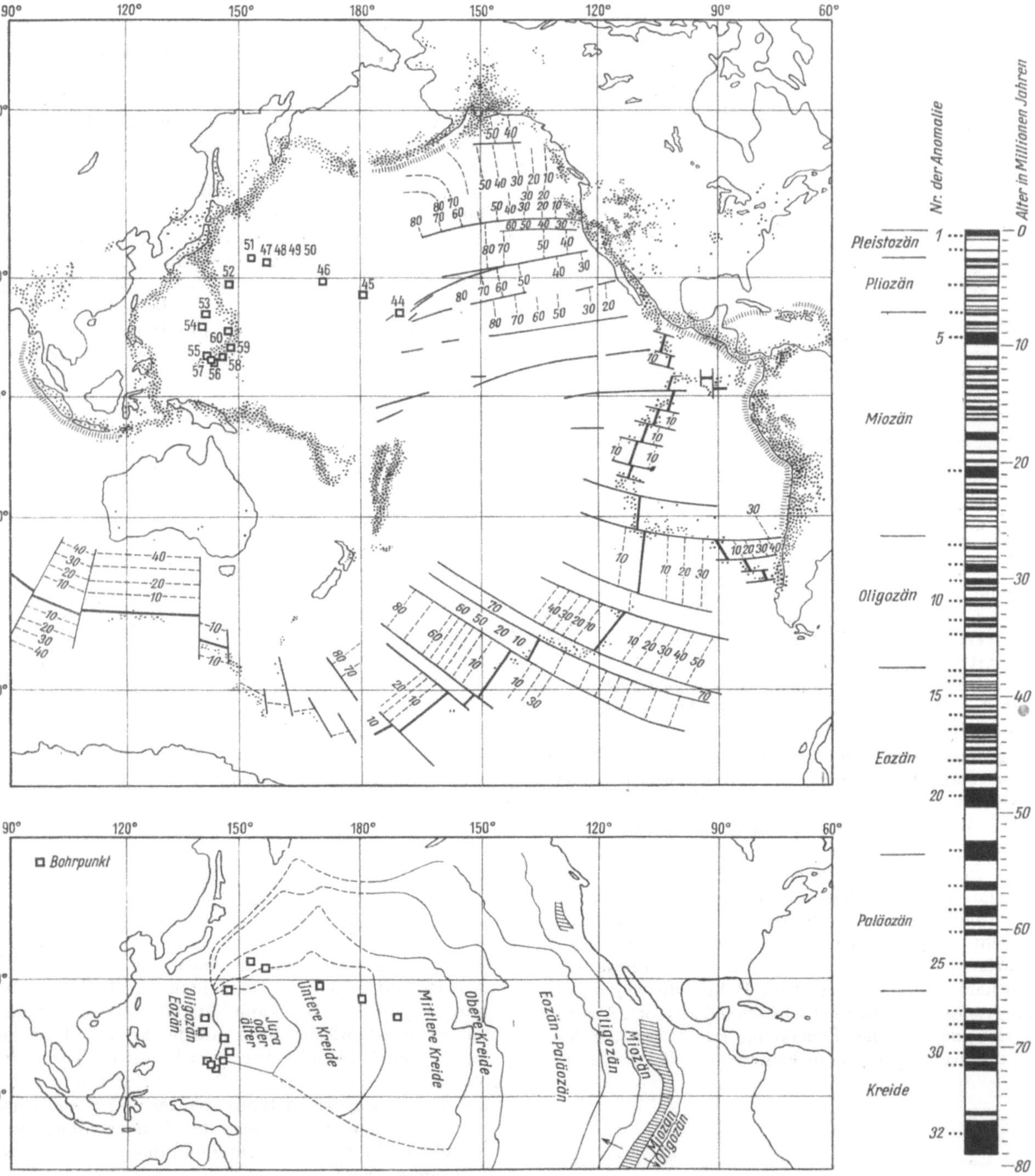

Abb. 9. Oben: vermutliches Alter der Basalte im Bett des Stillen Ozeans, nach den Daten der magnetischen Anomalien (in Mill. Jahren) und die Herde der Erdbeben für die Periode von 1957 bis 1967

Die Bohrstationen auf der 6. Fahrt sind angegeben. Die verdeckte Linie stellt die Achse des Mittelozeanischen Rückens dar; die schneidenden dünnen Linien sind ozeanische Brüche. Schraffiert sind die wichtigsten Tiefwassersenken.

Unten: tatsächliches Alter der Basalte im Bett des Stillen Ozeans, bestimmt nach den Daten des Bohrens während der 5. und 6. Fahrt

Das Gebiet der mittelozeanischen Rücken ist schraffiert. Das Alter der Basalte fällt vollständig mit dem vermuteten zusammen und wächst mit zunehmender Entfernung von den mittelozeanischen Rücken.
Rechts: paläomagnetische Skala für die letzten 80 Mill. Jahre
Die gekennzeichneten Horizonte entsprechen der normalen Magnetisierung; die hellen Streifen dazwischen entsprechen einer umgekehrten Magnetisierung.

das Alter bewegt sich in erheblichen Grenzen — von 30 bis 100 Mill. Jahren. Deshalb kann man diese Schicht nicht mit der Grenze zwischen Mesozoikum und Tertiär in Zusammenhang bringen, man darf ihr keine stratigraphische Bedeutung beimessen. Im Stillen Ozean sind Fälle einer transgressiven Lagerung dieser Schicht bekannt.

Der zweite der Hauptreflexionshorizonte — die

Schicht B — wird meist mit der Oberfläche des Basaltbetts des Ozeans in Zusammenhang gebracht, jedoch wurden auch hier zahlreiche Ausnahmen angetroffen. Das Bohren im Ozean hat daher unsere Vorstellungen von der Natur der wichtigsten reflektierenden Schichten auf dem Boden des Ozeans wesentlich verändert. Aber die Bohrungen haben noch nicht ausgereicht, alle Fragen zu beantworten.

Was stellen nun die mächtigen, akustisch „durchsichtigen" Schichten dar, die zwischen den reflektierenden liegen? Die Bohrungen haben gezeigt, daß fast überall die Folge der Sedimente (von rezent bis oberjurassisch), deren Bildung vor 140 Mill. Jahren begann, gewöhnlich locker und nicht zementiert ist. Die Feuchtigkeit der Sedimente ändert sich wesentlich; sie nimmt in den obersten 20 bis 30 m rasch ab, nach weiter unten hin verzögert sich in den Kernen der Prozeß der Verfestigung der Sedimente, und sie enthalten gewöhnlich 20 bis 40% Feuchtigkeit. Feste, konsolidierte Gesteine kommen sehr selten vor; meistens sind es Feuersteine, ferner Zwischenlagen festen Kalksteins oder vulkanischen Materials. Dadurch unterscheiden sich die Gesteine der ozeanischen Profile von den altersähnlichen Gesteinen des Festlands- auf dem die mesozoischen und untertertiären Ablagerungen gewöhnlich konsolidiert sind.

Beim Niederbringen von Bohrungen wurden keinerlei Sedimentgesteine gefunden, die den Wissenschaftlern nicht bereits früher bekannt gewesen wären. In der

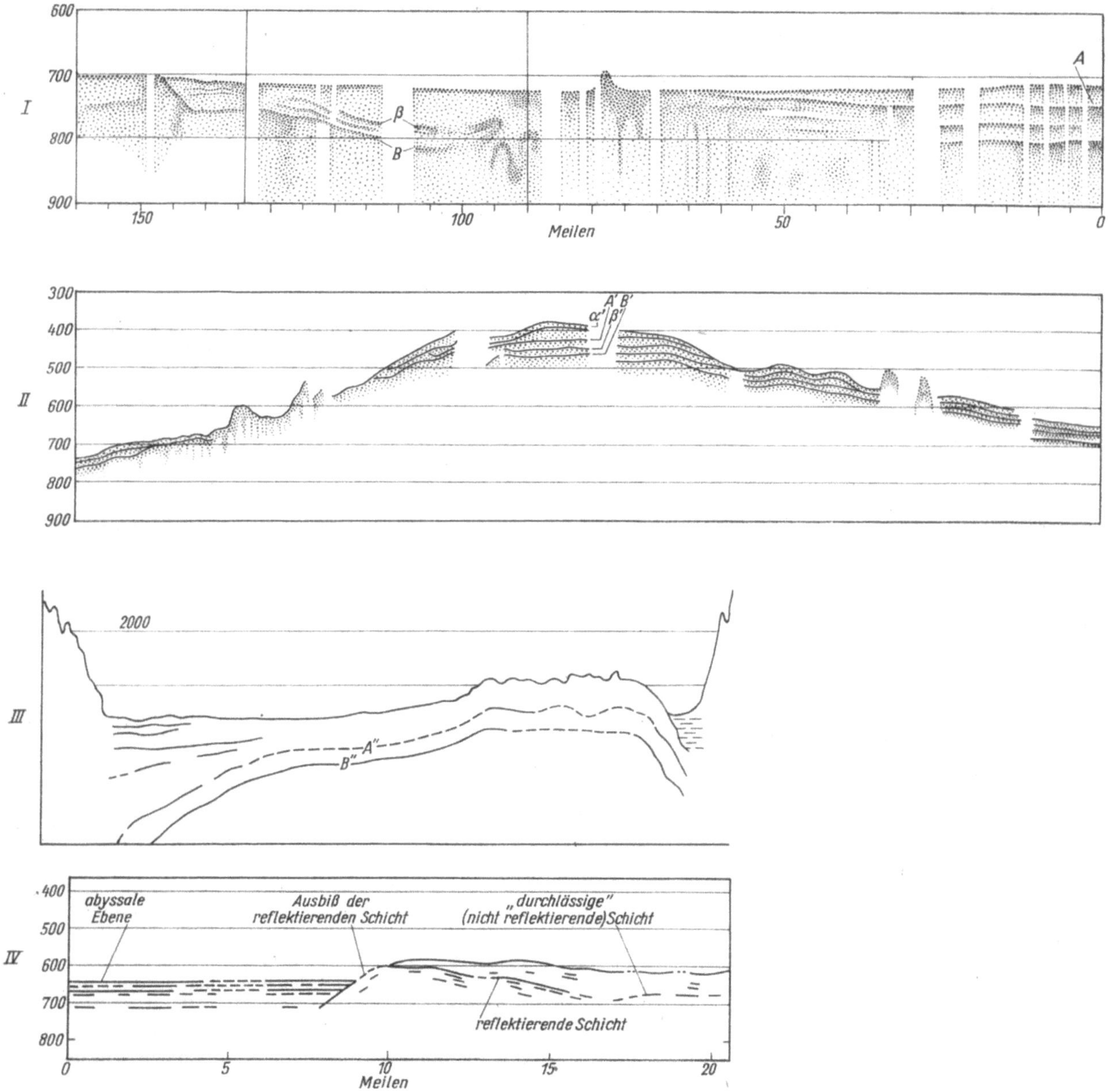

Abb. 10. Bau der Lockerablagerungen (nach den Registrierungen der Seismoprofilographen)

I = ein typisches Profil der Sedimente des Atlantischen Ozeans. Erkennbar sind die Schichten A, β und B. II = Profil im Gebiet der submarinen SCHATSKI-Erhebung im Stillen Ozean. Zu erkennen sind die reflektierenden Schichten α', A', β' und B'. III = Karibisches Meer. Schematisch sind die reflektierenden Schichten α'', A'' und B'' gezeigt. IV = Golf von Biskaya, der submarine Berg Cantabria. Dargestellt ist der Ausbiß des Bodens der reflektierenden Tiefenschicht an die Oberfläche. Die Zahlen links bezeichnen die Mächtigkeit der Ablagerungen, bestimmt nach der Reflexionszeit.

großen Mehrheit handelte es sich um lockere Ablagerungen, ähnlich denen, die heute an der Oberfläche des Ozeanbodens auftreten. An harten Sedimentgesteinen wurden nur Kalksteine gefunden, seltener Marmore (an der Grenze zu den Basalten), ferner Kieselgesteine und Sandsteine; in der Nähe von Vulkanen trifft man halbverfestigte vulkanogen-sedimentäre Gesteine an, insbesondere Tuffe.

5. Woraus besteht das Bett der Ozeane unter der Folge der Sedimente?

Nach geophysikalischen Daten liegen unter der Folge der lockeren Sedimentgesteine halbkonsolidierte Gesteine und darunter die Basalte des Ozeanbetts. Bei einer großen Anzahl von Bohrungen im Atlantik und Pazifik gelang es, die gesamte sedimentäre Folge zu durchteufen und in die Basalte einzudringen. Man erhielt zahlreiche Proben von Basalten, die u. d. M. in Dünnschliffen untersucht wurden. Es gelang freilich bisher noch nicht, tiefer als 10 m in die Basaltfolge einzudringen. Praktisch führt man in allen Fällen, in denen das Bohrwerkzeug nicht in den Kieselzwischenlagen stekkenbleibt, das Bohren bis zu den Gesteinen des basaltischen Ozeanbetts durch. Äußerlich sind die ozeanischen Basalte schwarz, gewöhnlich kleinkörnig. Augenfällig ist die erstaunliche Ähnlichkeit der petrographischen Zusammensetzung, die die Basalte des Bettes der verschiedenen Ozeane aufweisen. Nach den petrographischen Angaben sind es meist Basalte und Diabase vom Tholeittyp. Des öfteren zeigt der Kontakt zwischen Basalten und Sedimentgesteinen, daß der heiße Basalt in die Sedimentgesteinsfolge intrudierte. Die Karbonatgesteine sind an der Grenze zu den Basalten „gesintert". Die Oberfläche der Basalte wird auf 1 bis 2 cm glasig, wobei der größte Teil des vulkanischen Glases in die wasserführende Varietät Palagonit umgewandelt wird (seine Bildung erfolgt meist bei der Berührung des heißen Glases mit dem Meerwasser).

Die Sedimente, die in der Nähe solcher Basalte liegen, sind verfestigt, ihre mineralogische Zusammensetzung ist verändert. Insbesondere wurden Fälle einer Dolomitisierung beobachtet, des öfteren sind die weißen karbonatischen Sedimente in der Nähe des Kontakts durch Eisen- und sogar Manganoxide, die aus dem Basalt migriert waren, in braunen und rötlichen Tönen gefärbt und in dichte Marmore umgewandelt. Die Bildung der Basalte dieses Typs ist schwer anders zu erklären als durch Intrudieren basaltischer Lagergänge (Sille) in die Schicht der bereits abgelagerten ozeanischen Sedimente. Zweifellos erfolgte dieser Prozeß in den ozeanischen Tiefen. Ein- oder zweimal gelang es sogar, eine Folge der Sille zu durchteufen; auf jeden Fall waren einige von ihnen sehr geringmächtig (einige Meter, manchmal auch weniger).

Häufiger jedoch stößt man auf „kalte Kontakte", wenn im frischen Basalt eine unveränderte Folge von Sedimenten liegt. Beim Bohren im Stillen Ozean trafen wir gerade auf solche Kontakte. Die Sedimente wurden hier offensichtlich auf die erkaltete, formierte Oberfläche des alten Ozeanbetts abgelagert. Der Zusammensetzung nach sind es auch Tholeitbasalte (des ozeanischen Typs); sie ähneln den Basalten aus den Sillen. Offensichtlich ging nach der Formierung des basaltischen Ozeanbetts das Eindringen der Sille — gewissermaßen letzter Nachhall dieses Prozesses — noch eine gewisse Zeit weiter. Das Alter der Basalte aus den Sillen, ihre Magnetisierung entsprechen den übrigen Basalten, zumindestens innerhalb der Fehlergrenze der Bestimmungen. Daher war der Prozeß der Sillbildung nach geologischer Auffassung ein kurzzeitiger Vorgang, er verlief fast gleichzeitig mit der Bildung der Basalte des Ozeanbetts.

Nach der Einführung des Protonenmagnetometers in die Praxis, das die Möglichkeit gibt, kontinuierliche Registrierungen auf gewöhnlichen, d. h. nicht autimagnetischen, Schiffen vorzunehmen, wurden neue Daten erhalten. Sie zeigten an, daß die mittelozeanischen Rücken, die sich in den Ozeanen etwa in der Nähe ihres axialen Teils hinziehen, an beiden Seiten von linearen, d. h. alle Konturen der Rücken wiederholenden, Anomalien begleitet werden. Wenn der Mittelatlantische Rücken eine Biegung macht, tut das ganze System der Anomalien das gleiche; sind Teile des Rückens durch einen Bruch versetzt, sind auch die Anomalien versetzt. Es ist bemerkenswert, daß diese Anomalien völlig symmetrisch liegen, paarweise zu den Achsen der Rükken. Die entsprechenden Anomalien „paare" weisen gleiche Magnetisierung auf: eine direkte Magnetisierung, die der heutigen entspricht, oder eine umgekehrte, wenn sich die Lage der Pole ins Gegenteil verkehrte. Auf jeder Seite des ostpazifischen Rückens wurden an manchen Stellen über 30 lineare Anomalien nachgewiesen. Sie ließen sich gut miteinander vergleichen, unterschieden sich nach Breite, Vorzeichen und einer Reihe weiterer Merkmale. Die Magnetologen lernten, sie auf immer größere Entfernungen hin zu verfolgen.

Es gelang nicht, solche Anomalien auf dem Festland zu finden. Zur Erklärung dieser Erscheinung unterbreiteten F. VINE und D. MATTHEWS eine kühne Hypothese. Sie nahmen an, daß die Anomalien dem Prozeß der Auseinanderbewegung der Ozeane zu beiden Seiten der mittelozeanischen Rücken entsprechen. Die Basalte des Ozeanbetts erkalten bei dieser Auseinanderbewegung, sie „registrieren" dabei die Magnetisierung des Erdfelds jener Zeit. Diese magnetische Registrierung der geologischen Vergangenheit in den Sedimentgesteinen wurde auch von den sowjetischen Geophysikern beim Niederbringen von Erdölbohrungen sowie beim Studium geologischer Profile untersucht.

Es gelang daher, in erster Annäherung die magnetischen Anomalien, die sich längs der Rücken hinziehen, mit dem geologischen Alter zu korrelieren. Im nördlichen Teil des Stillen Ozeans, in dem Bohrarbeiten während der 6. Fahrt durchgeführt wurden, existieren lineare Anomalien verschiedenen Alters. An einer Reihe von Stellen ist der Ozeanboden durch Brüche zerfurcht, an denen die einzelnen Blöcke gegeneinander verworfen sind. Die amerikanischen Magnetologen entwickelten eine paläomagnetische Skala für die letzten 5,5 Mill. Jahre und eine weitere für die letzten 70 Mill. Jahre (sie befindet sich im Stadium der Überprüfung) unter Angabe der Nummern der Anomalien. Wenn die Hypothese von VINE und MATTHEWS richtig ist, dann müssen wir mit wachsender Entfernung vom axialen Teil der Rükken ein immer höheres Alter der Gesteine antreffen. Wenn andere Werte erhalten werden, ist die Hypothese falsch. Das Bohren entschied somit das Schicksal einer großen Hypothese.

Heute, nachdem die Arbeiten der ersten Bohretappe

im Atlantischen und im Stillen Ozean abgeschlossen sind, wobei Hunderte von Bohrungen niedergebracht wurden, kann man sagen, daß diese Prognose auf die überzeugendste Weise bestätigt worden ist. Das Alter der Gesteine stimmt nach den Angaben des Bohrens nahezu völlig mit den Prognosen überein.

Nach Abschluß der 6. Fahrt der „Glomar Challenger" gelang es, auf der Grundlage der Bohrdaten und unter Berücksichtigung der Angaben der Magnetometrie ein Schema über das Alter der Basalte im Bett des Stillen Ozeans aufzustellen. Es erwies sich an verschiedenen Stellen als sehr unterschiedlich: Allmählich ändert es sich vom jüngsten Alter (Pliozän—Pleistozän) in der Nähe des Rückens bis zum ältesten (Oberen Jura) im Bereich des westlichen Teils des Ozeans, wozu auch das submarine SCHATSKI-Gebirge gehört, gewissermaßen ein Relikt des ältesten Stillen Ozeans. Es scheint, daß es hier in der nächsten Zeit gelingen wird, auch ältere Gesteine des Bettes zu erhalten, möglicherweise paläozoische, permische oder sogar karbonische (mit einem Alter von 250 bis 300 Mill. Jahren).

6. Gegenwart und Zukunft des Bohrens in den Ozeanen

Die am 11. 8. 1968 im Golf von Mexiko von Bord der „Glomar Challenger" aus begonnenen Arbeiten zum Erbohren des Ozeanbodens werden fortgesetzt. Ende 1969 wurde die erste, 18 Monate dauernde Etappe des Bohrprojekts abgeschlossen. In dieser Zeit wurden insgesamt 9 Expeditionsfahrten unternommen, von denen vier in den Atlantik und fünf in den Pazifik führten. Man erhielt einzigartiges Material über den Bau der sedimentären Folge am Boden der Ozeane, über ihre Mächtigkeit, Zusammensetzung sowie über die Sedimentationsgeschwindigkeit. An einer Reihe von Stellen gelang es, die Bohrungen durch die gesamte lockere sedimentäre Folge hindurch abzuteufen und die Basalte zu erreichen, welche die Sedimente unterlagern. Man erhielt auch recht erhebliches Kernmaterial von den Basalten und anderen festen Gesteinen am Grunde des Ozeans.

Die wissenschaftlichen Ergebnisse der ersten Etappe sind so bedeutend, daß sie die angespannte Aufmerksamkeit der Geologen aus aller Welt erregten. Bereits vor dem Abschluß der letzten Fahrt wurde ein Beschluß angenommen, diese Untersuchungen fortzusetzen. Im Zeitraum von 1970 bis 1972 ist vorgesehen, noch 16 bis 17 Fahrten durchzuführen.

Gegenwärtig sind bereits die Arbeiten der ersten beiden Fahrten abgeschlossen, ferner die Arbeiten einer Spezialfahrt (Fahrt 11c), bei der die Bohrtechnik getestet werden sollte, insbesondere die Technik für den Meißel, ferner sollte die Möglichkeit des mehrfachen Ziehens und Einbringens des Bohrwerkzeugs in das Bohrloch am Boden des Ozeans untersucht werden. Bemerkt sei, daß der im „Scripp"-Ozeanographischen Institut für $1^1/_2$ Jahre voraus aufgestellte vorläufige Plan der ersten Bohretappe mit der Genauigkeit eines Eisenbahnfahrplans eingehalten wurde!

Wenn man die Gebiete der ozeanischen Bohruntersuchungen in der ersten Etappe mit den neuen Marschrouten vergleicht, die in den nächsten beiden Jahren vorgesehen sind, kann man mehrere Besonderheiten feststellen. Vor allem ist augenfällig, daß die Fahrten gewöhnlich in einem relativ schmalen Streifen der Ozeane erfolgen, etwa von 40° n. B. bis 30° s. B. Diese Anordnung der Fahrten hängt mit den Wetterverhältnissen zusammen, da bei starkem Schlingern sowie Wind das Bohren sehr schwierig und wenig effektiv ist.

Nach den rekognoszierenden Arbeiten der ersten Etappe widmeten die Wissenschaftler der USA dem Gebiet des Golfs von Mexiko und des Karibischen Meeres viel Aufmerksamkeit, da dieses Gebiet in vielen Beziehungen gewissermaßen als Schlüssel für das Verständnis des geologischen Baues und der geologischen Geschichte

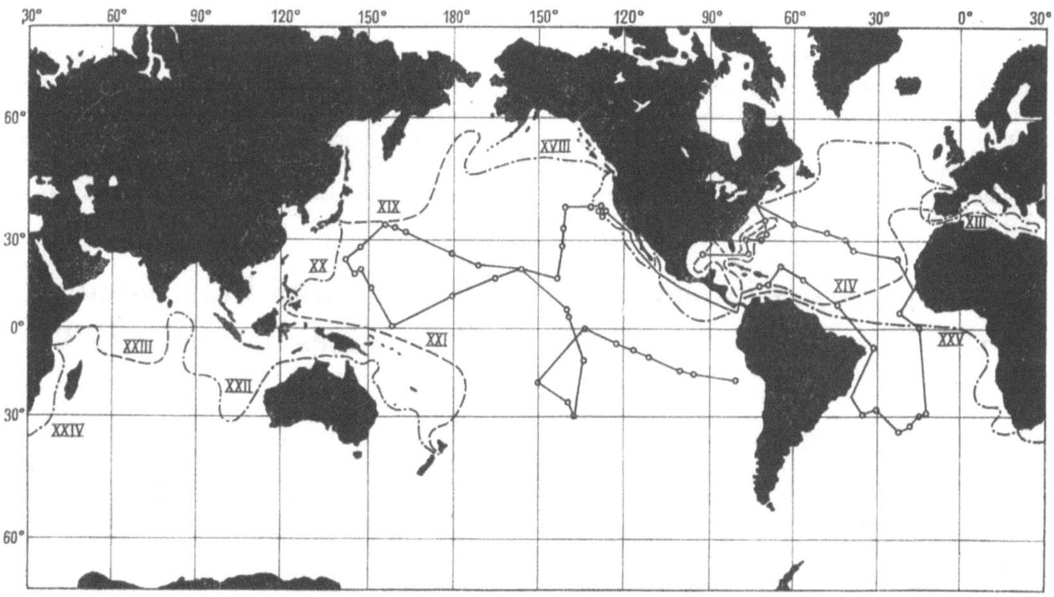

Abb. 11. Gegenwart und Zukunft des Bohrens im Ozean

Durchgezogene Linie = die erste, 18 Monate währende Etappe des Bohrens von 1968 bis 1969. Die Punkte entsprechen den Bohrstationen. Punktiert = der Plan für die zweite, 30 Monate währende Bohretappe in den Jahren 1970 bis 1972. Im Augenblick der Niederschrift dieses Aufsatzes wird im Mittelmeer gebohrt. Die römischen Zahlen bezeichnen die Nummern der Hauptfahrten. Schema des Programms „Deep Water Drilling".

der Kontinente und Ozeane dient. Von nicht geringer Bedeutung sind auch die Interessen der Erdölindustrie. Ein neues Arbeitsgebiet ist das Mittelmeer, möglicherweise auch das Schwarze Meer.

Im Stillen Ozean werden eingehendere Forschungen in geringer Entfernung vom Festland Nordamerikas durchgeführt werden, zuerst im südlichen Teil des Beringmeers, wo bekanntlich der Boden ideal ausgeglichen und mit einer mächtigen Schicht von Bodensedimenten bedeckt ist.

Die Profile im westlichen Teil des Stillen Ozeans vom Beringmeer bis Neuseeland müssen im Vergleich mit den Profilen auf den Fahrten der ersten Etappe im ganzen ein Bild des Baues des Ozeanbodens für eine riesige Entfernung — über 10000 km nach dem Meridian — liefern.

Die Fahrten von den Fidji-Inseln bis zur Stadt Darwin (Australien) und von Darwin bis nach Ceylon gelten dem Problem der Korallenriffe, da sie das Gebiet ihrer stärksten Entwicklung insbesondere neben dem Großen Barriereriff — der größten Akkumulation von Korallenbauten auf unserem Planeten (seine Fläche beträgt über 200000 km²) — durchlaufen.

Zuerst sind Bohrarbeiten im Indischen Ozean geplant, in seinem zentralen und in seinen nördlichen Teilen. Hier ist vorgesehen, von 1971 bis 1972 drei Fahrten durchzuführen, jede mit 2 Monaten Dauer, mit Ablösung des Personals in Colombo, Daressalam und Durban.

Damit werden Bohrarbeiten in allen Ozeanen, außer dem Nördlichen Eismeer, und in vielen Meeren durchgeführt. Von besonderem Interesse sind die wiederholten Bohrungen unter Anwendung der neuen Technik an jenen Stellen des Atlantiks und des Pazifiks, an denen es gelang, die ältesten Gesteine des Ozeanbodens zu erreichen. Im Atlantischen Ozean ist das die im westlichen Teil des Ozeans gelegene Bermuda-Hebung, im Pazifik ist es die submarine Schatski-Hebung.

Es wurde bereits gesagt, daß die ältesten Gesteine, die vom Ozeanboden an diesen Punkten erhalten wurden, dem Oberen Jura (Tithon) entsprechen; ihr Alter beträgt 140 bis 150 Mill. Jahre. An diesen Stellen erreichten die Diamantbohrkronen die harten kieseligen Schichten; ein weiteres Abteufen der Bohrung war mit den vorhandenen Mitteln unmöglich. Die Daten der kontinuierlichen seismischen Profilierung im Gebiet der submarinen Schatski-Hebung hatten gezeigt, daß unter der Lage der Flinte eine mächtige und kompliziert gebaute Folge von Sedimenten liegt. Nach der mittleren Akkumulationsgeschwindigkeit und der Mächtigkeit der Sedimente unter den Flinten zu urteilen, kann man die Anwesenheit älterer, möglicherweise paläozoischer Gesteine am Boden des Ozeans an diesem Punkt vermuten. Die Verwendung einer vervollkommneten Bohrmethodik mit dem Wechsel des abgenutzten Meißels wird offensichtlich später gestatten, die gesamte Folge der Sedimente im Gebiet der submarinen Schatski-Hebung zu durchteufen und die Frage des Alters dieses Teils des Stillen Ozeans zu lösen.

Die Probleme, die sich vor dem Bohren auf dem Grunde des Ozeans auftun, sind so mannigfaltig, daß neben der Leitung des „Programme of Ocean Drilling" und dem vereinigten Komitee aus fünf Instituten der USA, die diese Forschungen durchführen (Joides), zahlreiche ständige und zeitweilige beratende Komitees und Gruppen geschaffen wurden. Die Durchführung einer so bedeutenden und neuen Forschung machte erforderlich, daß nicht nur die qualifiziertesten Spezialisten aus den USA, sondern auch aus vielen Ländern Europas, aus Kanada und Japan herangezogen werden.

Letztlich handelt es sich jetzt noch nicht um eine mögliche Erdölgewinnung aus Ozeantiefen von 5 bis 6 km. Wenn es allerdings dort in erheblichen Mengen angetroffen würde, dann würden zweifellos auch die technischen Mittel für seine Förderung gefunden werden. Gegenwärtig muß man Maßnahmen gegen eine Verschmutzung des Ozeans mit Erdöl ergreifen, wie das z. B. während des Niederbringens einer küstennahen Bohrung in der Nähe Kaliforniens bei Santa Barbara der Fall war oder während der Katastrophe des Tankers „Torry Canon". Deshalb stehen auf dem Bohrschiff immer einige hundert Tonnen Zement und Baryt bereit. Vorbereitet sind auch Pumpen und Rohrleitungen, die für das Einpumpen bestimmt sind, ferner gewaltige Kanister für die Zubereitung der Mischungen.

Das Bohren im Ozean eröffnete eine neue Ära in der Untersuchung der Ozeane und Meere. Jede neue Fahrt gibt den Wissenschaftlern eine Fülle erstaunlicher und zeitweilig rätselhafter Fakten in die Hand, die eine Erklärung fordern. Indem wir sie studieren, erkennen wir nicht nur die Geschichte der Ozeane selbst, sondern wir erhalten auch unschätzbare Daten für das Verständnis der die Ozeane umgebenden Kontinente, dieser granitenen Eisberge, die im Basaltozean schwimmen.

Methodik der industriellen Erkundung und Einschätzung von Lagerstätten des Erdöls und Erdgases in der UdSSR

S. P. Maximow, R. G. Samwelow, W. W. Semenowitsch & W. I. Terechow, Moskau

Aufgabe der industriellen Erkundung ist die Beschaffung der notwendigen Angaben zur Berechnung der Vorräte an Erdöl und Erdgas in industriellen Kategorien[1]), zur Ausarbeitung des technologischen Schemas für den Abbau auf Flächen mit durch die Ergebnisse von Suchbohrungen festgestellter Erdöl-Erdgas-Führung und zur ökonomischen Begründung der Zweckmäßigkeit des Abbaus. Die Verkürzung der Zeit für die industrielle Erkundung neuer Erdöl- und Erdgaslagerstätten ist eine der wichtigsten Voraussetzungen für die Entwicklung der erdöl-erdgas-fördernden Industrie der UdSSR.

Am verbreitetsten ist gegenwärtig die aufeinanderfolgende Durchführung der Arbeiten. Bei diesem System ist die industrielle Nutzung der Lager erst nach Abschluß der Erkundung der Lagerstätte gestattet. Ein

Eingang des Manuskripts in der Redaktion: 22. 6. 1971.

[1]) Als industrielle Vorratskategorien werden in der UdSSR die Klassen A, B und C_1 betrachtet (D. R.).

solches Nacheinander hält jedoch die Lösung der gestellten Aufgaben zur Entwicklung der Erdöl- und Erdgasförderung auf. Effektiver ist das Parallelsystem der Arbeiten, bei dem Erkundungs- und Förderbohrungen und die industrielle Förderung von Erdöl und Erdgas gleichzeitig in der Etappe der eingehenden Erkundung, manchmal auch der Vorerkundung, durchgeführt werden.

Die Realisierung eines Teils der Erkundungsaufgaben durch Förderbohrungen macht einen bedeutenden Teil der Erkundungsbohrmeter für die Suche frei und verkürzt gleichzeitig schroff die Zeit bis zur Inbetriebnahme neuer Lagerstätten.

Die Erfahrung der Ukraine und einer Reihe anderer erdöl-erdgas-fördernder Bezirke der Sowjetunion zeigte, daß die Zeit bis zur industriellen Inbetriebnahme neuer Lagerstätten und die damit verbundenen Kosten mindestens um das 1,5- bis 2fache reduziert werden können, wenn sich Nacherkundung und industrielle Exploitation der Lager überdecken. Bei der Projektierung der industriellen Erkundung wird die für dieses Ziel erforderliche minimale Anzahl der Erkundungsbohrungen bestimmt, werden — ausgehend von den geologischen Verhältnissen — ihre rationellste Verteilung auf der Struktur, die Reihenfolge des Ansatzes der Erkundungsbohrungen und ein Untersuchungskomplex bestimmt, der in den Erkundungsbohrungen zum eingehenden Studium der Erdöllager durchzuführen ist. Außerdem sind Festlegungen zu treffen, wie vorlaufend niedergebrachte Fördersonden für die Erkundungsziele ausgenutzt werden können.

Die Bestimmung der Minimalanzahl an Bohrungen und — ausgehend von ihrer Anzahl — die Ermittlung der optimalen Abstände zwischen den Profilen und den Bohrungen auf diesen sind grundlegende Fragen der Erkundung.

Als minimal ist eine solche Anzahl von Bohrungen zu bezeichnen, die ermöglicht, die wesentlichen geologischen Informationen über den Bau des Lagers zu erhalten und die Schichtparameter mit einer solchen Zuverlässigkeit zu ermitteln, daß das Niederbringen weiterer Bohrungen zu keinen spürbaren Veränderungen der früher erhaltenen Ergebnisse führt.

Die eindeutige Lösung dieser Frage ist sehr kompliziert. Nachfolgend werden lediglich einige Schlußfolgerungen gezogen, die sich aus der Erfahrung der Erkundungsarbeit ergeben.

1. Die Anzahl der Erkundungsbohrungen ist den Ausmaßen der Lager nicht proportional: Große Erdöllager können bei analogem geologischem Bau mit einem weniger dichten Erkundungsnetz erkundet werden als kleine Lager.

Zum Beispiel sehen die Projekte zur industriellen Erkundung (ausgearbeitet vom WNII gemeinsam mit den Geologen der Westsibirischen Geologischen Verwaltung) für Lagerstätten verschiedener Ausmaße folgende Dichte der Bohrnetze vor:

Lagerstätte	Anzahl der Erk.-Bohrungen	Fläche pro Bohrung	Mittl. Bohrabstand
Prawdinsker L.	24	11,43 km²	3,5 km
Lokosowsker L.	20	8,27 km²	2,9 km
Watinsker L.	16	5,21 km²	2–3 km

Dabei ist zu beachten, daß mit dieser Sondenanzahl nicht nur das Erdöllager, sondern auch das Gebiet außerhalb der Kontur untersucht wird, weil die Aufgabe gestellt war, das optimale System der Erhaltung des Schichtdrucks zu bestimmen.

2. Die Anzahl der Bohrungen hängt ferner von der lithofaziellen Zusammensetzung der Schichten ab. Bei uneinheitlicher Zusammensetzung und lithologischer Veränderlichkeit ist eine relativ größere Anzahl Bohrungen erforderlich als bei einheitlichem Aufbau der Schichten.

Gegenwärtig wird als rationellste Sondenanordnung die auf Profilen angesehen. Dieses System gestattet, bei einer optimalen Sondenanzahl ein objektives Bild des geologischen Baues der Lagerstätte selbst bei bedeutender Veränderlichkeit der lithofaziellen Zusammensetzung der produktiven Horizonte zu erhalten. Geologische Schnitte durch diese Profile lassen leichter die detaillierte Korrelation der erdölführenden Schichten zu und gestatten, stratigraphische und tektonische Diskordanzen einschließlich Auskeilungszonen der Schichten zu erkennen. Außerdem lassen sie mit größerer Genauigkeit die räumliche Lage des Wasser/Erdöl-Kontakts erkennen.

Die Effektivität des genannten Systems der Verteilung der Bohrungen wurde am Beispiel der Mehrzahl der erdöl-erdgas-führenden Gebiete der UdSSR für die verschiedenen Erdöl- und Erdgaslagertypen bestätigt.

Nicht weniger wichtig ist im Rahmen des Systems der Verteilung der Erkundungsbohrungen die Wahl des rationellen Abstands zwischen den Profilen und den Bohrungen.

Die Mannigfaltigkeit der Formen und Ausmaße der Lager in Lagerstätten selbst ein und derselben erdöl-erdgas-führenden Bezirke kann so groß sein, daß die Festlegung konstanter Abstände zwischen den Bohrungen und Profilen in einigen Fällen zum Ansatz überflüssiger Bohrungen führen kann.

Das WNII hat für einige Lagerstätten der Wolga—Ural-Provinz (Romaschkino, Tujmasy, Bawly) Untersuchungen durchgeführt, um bei der Ermittlung der Parameter die Abhängigkeit der Genauigkeit von der Dichte des Bohrnetzes zu bestimmen. Diese Untersuchungen haben gezeigt, daß innerhalb großer Erdöllager die Veränderung der Bohrnetzdichte bis zu 4, 8, 16 und mehr km² pro Bohrung zu einem Fehler in der Bestimmung der Mächtigkeit des erdölführenden Teils der Schicht führt, der 1,3; 2,8; 6,5% im Vergleich zu der Mächtigkeit führt, die später bei einer maximalen Sondenanzahl berechnet wurde. Die Verdichtung des Bohrnetzes über eine optimale Größe hinaus führt folglich nicht zu wesentlichen Veränderungen in unseren Vorstellungen über die Parameter des Lagers. Die angeführten Beispiele zeugen jedoch auch dafür, daß es keine Standardabstände zwischen den Erkundungsbohrungen geben kann und daß ein und derselbe Erkundungsgrad durch unterschiedliche Dichte des Erkundungsbohrnetzes erreicht wird.

Das Abbausystem einer Erdöllagerstätte (eines Lagers) wird durch das Abbauprojekt oder das technologische Schema bestimmt. In Abhängigkeit von den Ausmaßen, der Kompliziertheit des geologischen Baues und dem Untersuchungsgrad des Objekts kann die Abbauprojektierung ein- oder zweistufig sein. Für kleine und mittlere (nach den Vorräten) Objekte mit relativ einfachem geologischem Bau und bekanntem hydrodynamischem Schichtregime, das nach den Ergebnissen der Versuchsförderung, aus den Erkundungsbohrungen und in Analogie zu benachbarten, in Abbau stehenden Lagerstätten ermittelt wurde, wird die einstufige Projektierung angewendet.

Langjährige Untersuchungen auf dem Gebiet des Abbaus von Erdöllagerstätten haben gezeigt, daß es für mittlere und große Erdöllager zweckmäßig ist, die zweistufige Projektierung anzuwenden, die vorsieht, zunächst (bei Beginn) ein technologisches Abbauschema auszuarbeiten und später, nach einigen Jahren der Exploitation, das Abbauprojekt.

Das technologische Schema wird nach den Unterlagen der gleichen Bohrungen zusammengestellt, die zur Begründung der Erdölvorratsberechnung dienen. Für Lager mit lithologisch veränderlichen Schichten ist diese minimale Sondenanzahl, die zur Bestimmung der Erdölvorräte in industriellen Kategorien ausreicht, ungenügend, um die erforderlichen Angaben für die Ausarbeitung des technologischen Abbauschemas zu beschaffen. In diesem Falle ist das Niederbringen zusätzlicher Bohrungen sogenannter „vorauseilender Förderbohrungen" erforderlich.

Die vorauseilenden Förderbohrungen sind auf den gleichen Erkundungsprofilen anzusetzen, wobei das Anordnungssystem der projektierten Förderbohrungen und die lithologische Veränderlichkeit der Schicht zu berücksichtigen sind.

Bei den gegenwärtigen Methoden des Abbaus von Erdöllagern, die die Anwendung von Methoden der Schichtdruckerhaltung vorsehen, muß eine solche Lage der Einpreßsonden und Fördersonden vorgesehen werden, daß die Einwirkung auf die ganze Schicht und alle Zwischenschichten, aus denen der produktive Horizont besteht, erreicht wird.

Deshalb ist es im Erkundungsprozeß wichtig, sich nicht auf die Ermittlung der allgemeinen Gesetzmäßigkeiten in der Veränderung der Schichteigenschaften des Erdöllagers zu beschränken und die faktische Verbreitung der Speicherschichten auf Karten festzuhalten.

Nach den Bohrergebnissen, der Versuchsförderung aus den Erkundungsbohrungen und einer geringen Anzahl vorauseilender Fördersonden müssen Informationen erhalten werden, die die Erdölführung, die physikogeologischen Schichtparameter, die Produktivität der Schicht sowie die Erdöl- und Gaseigenschaften unter Schichtbedingungen in ausreichendem Umfang für die Ausarbeitung des technologischen Abbauschemas charakterisieren.

Zum eingehenden Studium der Erdölhorizonte bei großer lithofazieller Ungleichmäßigkeit der Schichten sind die Vorteile eines sich verdichtenden Abbausystems der Erdöllager zu nutzen, das den Ansatz eines aufgelockerten Netzes von Fördersonden mit dessen späterer Verdichtung dort, wo es notwendig ist, vorsieht. Ein sich verdichtendes Netz für den Abbau von Erdöllagern besitzt wichtige Vorzüge, die gestatten, gleichzeitig mit dem Abbauprozeß eine detailliertere Erkundung durchzuführen. In diesem Falle sind für die eingehende Erkundung keine speziellen Mittel erforderlich. Sie wird durch Exploitationsbohrungen realisiert, die während der ersten Abbauetappe niedergebracht werden.

Erdöl- und Erdgaslagerstätten sind in ihrer überwiegenden Mehrzahl mehrschichtig. So umfaßt — als Beispiel — das erdöl-erdgas-führende Intervall in den wichtigsten Bezirken des Ural—Wolga-Gebiets den ganzen Komplex paläozoischer Ablagerungen mit einer Mächtigkeit bis zu 3000 bis 3500 Metern: Außergewöhnlich reiche Erdöllager enthalten die Sedimente des Devons, Karbons und des Perms. An den stratigraphischen Komplex des Karbons und Perms (große Mächtigkeit) ist die Erdölführung in der Dnjepr—Don-Senke gebunden. Lagerstätten geosynklinaler Gebiete besitzen eine noch bedeutendere Mächtigkeit der Eröl-Erdgas-Führung, die an tertiäre und mesozoische Sedimente gebunden ist.

Auf Grund der Bohrergebnisse der ersten Such- und Erkundungsbohrungen und des Studiums der Erdöl-Erdgas-Führung mächtiger produktiver Folgen werden produktive Folgen und Basishorizonte ausgeschieden, die anschließend mit einem selbständigen Sondennetz erkundet werden (Erkundungsetagen).

Bei der Ausgliederung von Erkundungsetagen ist es zweckmäßig, die Horizonte so zu gruppieren, daß der unterste oder Basishorizont der Etage nach Möglichkeit der bedeutendste Horizont (nach seinen Vorräten und seiner Verbreitungsfläche) ist, der zugleich die höchsten Förderraten aufweist. Dieses Prinzip der Ausgliederung von Basishorizonten sichert die vorrangige Erkundung der mächtigsten erdöl-erdgas-führenden Schichten sowie den Vorratszuwachs an Erdöl und Erdgas in hohen Kategorien und beschleunigt die Überführung dieser Lager in die Erkundung.

Die perspektivischen Horizonte werden nach dem „System von unten nach oben" getestet. Der Hauptvorzug dieses Systems ist die Möglichkeit, die Bohrung auf die Erprobung der höher liegenden Horizonte umzustellen. Bei hochproduktiven Sonden ist diese Umstellung jedoch aus folgenden Gesichtspunkten nicht wünschenswert:

1. Die Erprobung der höher liegenden Horizonte nach kurzzeitigem Test der tiefer liegenden Horizonte macht die Möglichkeit einer Probeförderung aus diesen zunichte.

2. Eine Doublierung der Bohrungen für die tiefen, schwerer erreichbaren Horizonte wird natürlich bedeutend teurer sein als die Bohrkosten bis zu den oberen Horizonten.

3. Die Umstellung hochproduktiver Sonden aus den unteren Horizonten und ein Wasserzufluß oder unbedeutender Erdölzufluß in den höher liegenden Horizonten bei der Erprobung führen in der betreffenden Sonde zur Liquidierung der Förderreserve an Erdöl aus den unteren Horizonten, die ohne Umstellung hätte sofort genutzt werden können.

Daher wird — wenn ein hochproduktiver Zufluß an Erdöl aus den unteren Horizonten vorliegt — die Aufgabe, die Erdöl-Erdgas-Sättigung der höher liegenden Horizonte zu klären und aus ihnen einen Vorratszuwachs zu erhalten, zweckmäßigerweise durch den Ansatz neuer Bohrungen gelöst, besonders in Bezirken, für die die schnelle Überleitung der Lagerstätte in den Abbau vorgesehen ist.

Die Methodik der industriellen Erkundung von Gaslagern unterscheidet sich wesentlich von der der Erdöllager. Wie die Erfahrung lehrte, wird das Verteilungssystem der Erkundungsbohrungen auf Gaslagern durch ein aufgelockertes Netz mit Abständen zwischen den Bohrungen charakterisiert, die 2- bis 2,5mal größer sind als der Abstand zwischen den Erkundungsbohrungen auf analogen Erdöllagern.

Das hat seine Ursachen darin, daß die Erkundung von Gaslagern infolge der Besonderheiten des Gases keiner großen Detailliertheit bedarf: Es besteht keine Notwendigkeit, den außerhalb der Kontur liegenden Teil so eingehend zu untersuchen und die Vorratsgröße vor Aufnahme der Förderung sorgfältig zu begründen. Die Präzisierung der Erdgasvorräte erfolgt im Abbauprozeß im Laufe von 2 bis 5 Jahren (in Abhängigkeit von den Ausmaßen dieser Lager) nach der Druckabfallmethode.

Dank der verschwindend geringen Viskosität des Gases im Vergleich mit der Viskosität von Kondensat, Erdöl und Wasser kann das Gas bei der Exploitation ohne Anwendung von Einwirkmethoden auf das Lager gewonnen werden.

Außerdem besteht der Unterschied in der Methodik der industriellen Erkundung von Gaslagerstätten darin, daß Gaslager und -lagerstätten in Probeförderung genommen werden können, wenn in der Nähe eine Gasleitung oder — allgemein gesprochen — ein Verbraucher vorhanden ist, und zwar schon in den allerersten Etappen der industriellen Erkundung. Die Koinzidenz der ersten Etappe der industriellen Erkundung mit dem Abbau verpflichtet dazu, bei der Projektierung des technologischen Schemas der Probeförderung, die Ansatzpunkte der Erkundungsbohrungen nach einem Schema vorzusehen, das sich dem zukünftigen Abbaunetz annähert, und die Konstruktion der Bohrungen in volle Übereinstimmung mit den Forderungen an Fördersonden zu bringen. Ein solches Herangehen an die industrielle Erkundung von Gaslagern macht große Reserven der Ökonomie von Zeit und Mitteln frei.

Die Probeförderung aus den Bohrungen gestattet, die Vorräte nach der Methode des Druckabfalls zu berechnen und auf diese Weise die Zahl der Erkundungsbohrungen zu verringern. Z. B. konnte die Erkundung solcher Erdgas- und Erdöl-Erdgas-Lagerstätten wie Akdshar, Karim, Sarytscha u. a. in Westusbekistan mit Gasvorräten bis 5 Mrd. m^3 und Ausmaßen der Lager in der Größenordnung von $2{,}5 \times 0{,}9$ bis $8{,}8 \times 3{,}0$ km durch 5 bis 10 Bohrungen abgeschlossen werden. Dort wurde — auf der Atschak-Lagerstätte — in kurzer Zeit das Schema für die versuchsmäßig industrielle Exploitation der ersten beiden Sonden festgelegt. Die Erkundungsbohrungen wurden nach dem Netz für die Fördersonden angesetzt. Gleichzeitig wurden die notwendige Projektierungsdokumentation zur Installation des Feldes sowie der Bau der Gasleitung und sein Anschluß vorbereitet. In dem Maße, wie die technische Dokumentation fertiggestellt wurde, begannen die Bauorganisationen die Realisierung aller notwendigen Objekte für die Exploitation der Lagerstätte und den Gastransport. Bis heute wurden auf dieser Lagerstätte 21 Bohrungen niedergebracht, darunter 12 Erkundungsbohrungen; von diesen kamen nur 2 außerhalb der Kontur zu liegen. Die Jahresgasförderung beträgt z. Z. 2,5 Mrd. m^3 und erreichte 1970 10 Mrd. m^3.

Die vorliegenden Fakten zeigen folglich, daß bei der Erkundung von Gaslagerstätten, z. B. mit Vorräten in Höhe von 20 bis 30 Mrd. m^3, der Umfang der Konturierungsbohrungen um nicht weniger als 30 bis 50% verringert werden kann.

Die Hauptforderung an die industrielle Erkundung von Erdgas-Erdöl-Lagern und -Lagerstätten laufen vor allem darauf hinaus, Unterlagen zu erhalten, die gestatten, eine orientierende Einschätzung der industriellen Bedeutung des Erdölsaums und der Zweckmäßigkeit seiner detaillierten industriellen Erkundung zu geben.

Die Methodik der industriellen Erkundung von Erdgas-Erdöl-Lagerstätten ist in Abhängigkeit vom Charakter des Erdölsaums unterschiedlich. Hat das Gaslager massiven Charakter und ist der Erdölsaum über den ganzen Spiegel des Gas-Erdöl-Kontakts verbreitet, werden für die Erkundung des Saumes sowohl die Such- als auch die Erkundungsbohrungen benutzt, die auf den Erdgasteil angesetzt werden.

Liegt ein Schichtantiklinalerdgaslager mit ringartigem Erdölsaum vor, wird die Saumerkundung verselbständigt. Am effektivsten ist sie in diesem Falle durch den Ansatz eines Primärprofils aus 2 bis 3 Bohrungen mit geringen Bohrlochabständen durchzuführen. Wird die industrielle Bedeutung des Erdöls festgestellt, wird für den Saum eine selbständige Gruppe Bohrungen projektiert, deren Lage nach einem Schema so festgelegt wird, daß die Vorratsberechnung des Erdöls in den industriellen Kategorien C_1 + B, B möglich ist. Die Erkundung des Gasteils des Lagers erfolgt in diesem Falle nach dem Schema der industriellen Erkundung von Gaslagern und Gaslagerstätten.

Für alle Lagerstättentypen: Erdöl-, Erdgas-, Erdölerdgas- und Erdgaserdöllagerstätten erfolgen die Testarbeiten nur nach dem Schema „von unten nach oben"; dabei sind beim Niederbringen der Erkundungsbohrungen Schichtprüfer einzusetzen, um qualitative Charakteristiken der Speicherschichtsättigung zu erhalten. Schichtprüfer können sowohl nach dem Schema „von unten nach oben" als auch „von oben nach unten" eingesetzt werden. Damit ist die Möglichkeit geschaffen, operativer die Ausgangsdaten für die Einschätzung der Vorräte an Erdgas und Erdöl fertigzustellen.

Die geophysikalischen Methoden der Sondenuntersuchung lassen das Niederbringen von Such- und Erkundungs- sowie Fördersonden auf Öl und Gas mit einem reduzierten Kernentnahmeprogramm zu, wodurch die Bohrgeschwindigkeit schroff erhöht und ihre Kosten gesenkt werden können. Die Dokumentation der von den Bohrungen aufgeschlossenen Profile, ihr Vergleich zwischen den einzelnen Bohrungen und Flächen, die Ermittlung produktiver Horizonte in ihnen, die Einschätzung des Charakters ihrer Speichereigenschaften und der Erdöl-Erdgas-Führung werden im wesentlichen auf der Grundlage der Angaben komplexer geophysikalischer Bohrlochuntersuchungen durchgeführt. Zur sicheren Interpretation der Angaben der bohrlochgeophysikalischen Untersuchungen, vor allem in wenig erforschten Gebieten, ist es jedoch für den Anschluß dieser Angaben, für die Klärung des Charakters der Übereinstimmung zwischen den erhaltenen geophysikalischen Parametern und physikalischen Eigenschaften der Gesteine notwendig, über eine bedeutende Menge Kernmaterial zu verfügen. Deshalb wird in den ersten Such- und Erkundungsbohrungen in solchen Gebieten in den produktiven Intervallen durchgehend gekernt. Das wird am effektivsten durch Bohren mit Diamantkronen realisiert, die in allen wichtigen erdölfördernden Ländern der Welt eingesetzt werden, um so mehr, als ihr Einsatz die Bohrkosten der Erkundungsbohrungen nicht erhöht.

Der bohrlochgeophysikalische Untersuchungskomplex in Erkundungsbohrungen, d. h. die Art, der Umfang und die Reihenfolge der Durchführung der verschiedenen Karottageverfahren, wird durch die geologo-geophysikalischen Verhältnisse des Bezirks bestimmt; durch die lithologische Zusammensetzung der Gesteine, die das aufgeschlossene Profil aufbauen, und durch die physikalischen Eigenschaften der Spülung, die das Bohrloch ausfüllt.

In Erkundungsbohrungen werden über ihre ganze Teufe Untersuchungen im Maßstab 1:500 in folgendem Komplex durchgeführt: Standardkarottage, radioaktive Karottage und Kavernometrie. Wenn die Spülung geringen Widerstand (weniger als 0,2 bis 0,3 Ωm) aufweist, wird dieser Komplex durch seitliche Karottage ergänzt, und bei Schichtwiderständen, die den Widerstand der Spülung um 300- bis 500mal übertreffen, werden statt der seitlichen Karottage nur Messungen mit großen Sonden durchgeführt.

Die Untersuchungen in den perspektiven Intervallen werden im Maßstab 1:200 durchgeführt; die Hauptverfahren, die im Falle einer Süßwasserspülung in den Komplex eingehen, sind die seitliche Karottage, die Mikrosondierung, die Kavernometrie und — bei der Untersuchung von Karbonat- und geringporösen, wenig durchlässigen terrigenen Profilen — die radioaktive Karottage. Bei salziger Spülung wird statt der Mikrosondierung die seitliche Karottage durchgeführt.

Dieser grundlegende (obligatorische) Komplex wird gewöhnlich durch eine Reihe anderer Verfahren ergänzt (abhängig von den Profileigenschaften oder den gestellten Aufgaben). So wird bei Süßwasserspülung angewandt: 1. seitliche Karottage; 2. seitliche Mikrokarottage bei der Untersuchung karbonatischer und geringporöser terrigener Profile; 3. Induktionskarottage, die gestattet, den Charakter gesättigter niedrigohmiger toniger Kollektoren einzuschätzen; 4. akustische und Gammakarottage, die erforderlich sind zur Einschätzung der Speicherporosität, insbesondere toniger und gasführender. 5. In für Gas perspektiven Intervallen liefert die Anwendung der Neutronenkarottage mit zwei Sonden (NGK und NKT) und der Gaskarottage im Maßstab 1:200 Ergebnisse.

In mineralisierten Spülungen werden zusätzlich ebenfalls die seitliche Karottage, die Mikrosondierung, die Gamma-Gamma-Karottage, die akustische und die Neutronenkarottage mit zwei Sonden durchgeführt.

Die geophysikalischen Bohrlochuntersuchungen sehen weiter solche Arbeiten wie die Probenahme mit schießenden und bohrenden Bodenentnahmegeräten, die Entnahme von Flüssigkeits- und Gasproben mit Hilfe des Schichtprüfers an Kabeln, die Messung der Bohrlochabweichung und des Durchmessers, die Temperaturbestimmung und der Zuflußstellen von Flüssigkeit und Gas, die Bohrlochperforation u. a. vor.

Die Effektivität des Komplexes bohrlochgeophysikalischer Untersuchungen wird durch den Zuverlässigkeitsgrad bestimmt, mit dem die Produktivität der Schichten eingeschätzt werden kann. Sie ist in verhältnismäßig mächtigen und homogenen Schichten mit Granularstruktur des Porenraums ausreichend hoch und sinkt in lithologisch inhomogenen Kollektoren mit komplizierter Struktur ab, sie ist sehr niedrig in Karbonatspeichern.

Die Ergebnisse der bohrlochgeophysikalischen Untersuchungen werden außer zur Bestimmung des Charakters der Schichtsättigung zur Lösung folgender Aufgaben benutzt, die mit der Bestimmung der Parameter für die Berechnung der Erdöl- und Erdgasvorräte in Verbindung stehen:

a) die Bestimmung der Mächtigkeit der Speicher;

b) die Bestimmung der Wasser/Öl- oder Erdgas/Flüssigkeit-Kontakte;

c) die quantitative Einschätzung der Porosität und der Gas-Wasser-Erdöl-Sättigung.

Die Methodik der quantitativen Einschätzung der Porosität und der Erdöl-Erdgas-Sättigung toniger Sandsteine, karbonatischer und klüftiger Speicher nach bohrlochgeophysikalischen Daten ist noch unvollkommen. Das ist ebenso durch die Schwierigkeit der Aufgabe als auch durch den unzureichenden Umfang der Forschungs- und experimentellen Arbeit auf diesem Gebiet hervorgerufen, und zwar sowohl der geophysikalischen als auch der geologischen Forschungsorganisationen. Die Bestimmung dieser Parameter wird in solchen Fällen gewöhnlich nach Kernangaben durchgeführt.

Die Schwierigkeit des Studiums von Kluftspeichern nach geophysikalischen Angaben besteht darin, daß diese Kollektoren in der Regel geringe Porosität bei bedeutendem Diapason der Veränderung der Permeabilität aufweisen.

Eine zuverlässige Einschätzung der Schichtproduktivität und die Bestimmung der Parameter, die zur Vorratsberechnung notwendig sind, können nur dann vorgenommen werden, wenn geophysikalische und direkte Untersuchungsmethoden richtig kombiniert werden, einschließlich der Entnahme und dem Studium von Kernen und Bohrklein sowie der Entnahme von Gesteinsstücken mit dem seitlichen Kernentnahmegerät usw.

Die Anwendung der aufgezählten zusätzlichen bohrlochgeophysikalischen Verfahren wird jedoch, ungeachtet ihrer positiven Ergebnisse, auch noch durch ihre ökonomische Zweckmäßigkeit bestimmt: Mit dem Ziel, den Aufwand an Zeit und Mittel zu verringern, muß der Umfang geophysikalischer Untersuchungen während der industriellen Erkundung auf das Minimum beschränkt werden, das zum Erhalt der erforderlichen Informationen ausreicht.

Zur überzeugenderen Bearbeitung und Interpretation bohrlochgeophysikalischer Angaben wurden in den Tjumener, Nowosibirischen u. a. Geologischen Verwaltungen Vorrichtungen, Algorithmen und Programme für schnellarbeitende EDV-Anlagen ausgearbeitet.

Besondere Aufmerksamkeit muß auf die Vervollkommnung und den breiteren Einsatz von mehrparametrischen Apparaturen und Ausrüstungen konzentriert werden, um tiefe Bohrungen (mit hohen Temperaturen und Drücken) mit allen Karottageverfahren untersuchen zu können, außerdem auf Meßapparaturen mit geringen Durchmessern für Sonden kleiner Durchmesser.

Für die industrielle Einschätzung neuentdeckter Erdöl- und Erdgaslagerstätten werden bei der Untersuchung der Schichten gewöhnlich zwei Stadien vorgesehen:

1. die Prüfung (Erprobung) der Schichten in Such- und Erkundungsbohrungen zwecks Feststellung ihrer Erdöl-Erdgas-Führung und ihrer Förderraten;

2. die Probeförderung aus Erkundungsbohrungen mit dem Ziel, die Stabilität der Förderraten, die Veränderungen der Gasfaktoren, das Auftreten von Schicht- und Sohlenwässern, die Pfropfenbildung, die Ausscheidung von Paraffin und

Mineralsalzen in der Rohrkolonne zu bestimmen und andere Parameter zu klären, die zur Projektierung des Abbaus und für die Berechnung der Erdöl- und Erdgasvorräte in hohen Kategorien notwendig sind.

Die Qualität der industriellen Einschätzung aufgeschlossener Erdöl- oder Erdgaslager hängt völlig von der angewandten Testmethode der Bohrungen ab, außerdem von der Qualität des Aufschlusses der produktiven Speicherschicht sowie den Bedingungen und der Testmethode.

In sowjetischen Lagerstätten werden sowohl verrohrte als auch unverrohrte Sonden getestet. Die gewählte Methode hängt — im wesentlichen — von den Besonderheiten des Profilaufbaus und der Charakteristik der Gesteine selbst ab, aus denen das Profil besteht. Am ökonomischsten ist (nach dem Aufwand an Zeit und Mitteln) das Testen der Schichten im Bohrprozeß mit Hilfe von Schichtprüfern verschiedener Marken. Mit dieser Methode werden bei günstigen Bedingungen nicht nur qualitative, sondern auch quantitative Charakteristiken der produktiven Schicht erhalten. Die Kombination von Meßgeräten wie Tiefenmanometer, Thermometer, Debitmeßgeräten sowie anderen Vorrichtungen und Apparaturen im Schichtprüfer sichert die Messungen der wesentlichsten physikalischen Schichtkonstanten (wie Schichttemperatur, ursprünglicher Schichtdruck usw.), was eine nicht geringe Reserve zur Beschleunigung der Erkundungsarbeiten ist.

Der Einsatz des Schichtprüfers mit dem Ziel, quantitative Angaben über die Schichtparameter zu erhalten, wurde z. B. in der Retschizker, Ostaschkowitscher und Davidower Erdöllagerstätte in der Pripjatsenke Weißrußlands durchgeführt. Dadurch konnte die Zeit für die Vorbereitung zum industriellen Abbau der Lagerstätten bedeutend verkürzt werden, besonders hinsichtlich der Retschizker Lagerstätte. Zur qualitativen Charakteristik des Zuflusses wird der Schichtprüfer in allen erdölerdgas-führenden Bezirken der UdSSR eingesetzt.

In der Regel werden die Schichten mit Hilfe des Schichtprüfers in der unverrohrten Bohrung „von oben nach unten" getestet, im Anschluß an die Vertiefung der Bohrung. Das schließt das Testen der gleichen produktiven Schichten nach Einbau der Verrohrung durch aufeinanderfolgende Perforation der produktiven Schichten nach dem Schema „von unten nach oben" nicht aus.

Wird in verrohrten Bohrungen getestet, so wird die Schicht mit Hilfe kumulativer Perforatoren oder durch Torpedieren aufgeschlossen.

In einer Reihe von Fällen wird eine solche Bohrlochkonstruktion vorgesehen, die das Testen und die Schichtuntersuchung bei „offenem Stoß" zuläßt.

In den letzten Jahren hat die Methode der Hydro-Sandstrahl-Perforation große Verbreitung gefunden. Ihre Anwendung führt zu einem hohen Vollkommenheitsgrad des Schichtaufschlusses.

Um einen vollkommenen Aufschluß der Schicht zu sichern und ihre physikalischen Parameter zu erhalten, werden im Bohrprozeß oberflächenaktive Stoffe (OAS) eingesetzt, die der Spülung zugefügt werden. Auf diese Weise werden die natürliche Permeabilität und Porosität der aufgeschlossenen Speicherschichten erhalten. Sehr verbreitet ist die Anwendung von Tonspülung auf Erdölbasis, Emulsions- und natürlichen Spülungen sowie Preßluft und Erdgas.

Im Testprozeß und bei der Erprobung der Sonden werden Kompressoren, die Aerisierung der Bohrspülung und andere Methoden angewendet.

Die Probeförderung aus Erdöl- und Erdgasschichten ist eines der wichtigsten Elemente des Untersuchungskomplexes in Erkundungsbohrungen. Ihre Effektivität hängt von der Länge der Probeförderung ab. Wie die Erfahrung auf Erdöllagerstätten zeigte, ist es zur Ausarbeitung des technologischen Schemas am rationellsten, die Probeförderung auf 1 bis 1,5 Monate auszudehnen.

Gegenwärtig wird der Abbau in schnellem Tempo bei Aufrechterhaltung des Schichtdrucks durchgeführt. Daher ist eine lang andauernde Exploitation der Erkundungsbohrungen möglich, um qualitatives Primärmaterial zu erhalten.

Auf den Flächen, die für die Durchführung einer Probeförderung vorgesehen sind, wird während des Erkundungsprozesses und der Vorbereitung der Lagerstätte zum Abbau den hydrodynamischen Untersuchungen der Bohrungen große Aufmerksamkeit erwiesen. Ziel der hydrodynamischen Untersuchungen ist die Bestimmung der Schichtproduktivität, der Parameter der Hydroleitfähigkeit der Schicht ($Kh\mu$), der Piezoleitfähigkeit des Schichtdrucks, der Temperatur und der physikalischen Eigenschaften der Schichtflüssigkeit. Dieser Parameterkomplex gehört zu den Ausgangsdaten für die Ausarbeitung der technologischen Schemata und Abbauprojekte der Lagerstätten.

Die Ergebnisse des Komplexes hydrodynamischer Untersuchungen gestatten, die Homogenität der Schicht einzuschätzen und lithologische Abschirmungen zu ermitteln, die Verbindung zwischen Schichten festzustellen und orientierend den Ort zu bestimmen, wo sie sich vereinen.

Im Anfangsstadium der industriellen Erkundung werden die Untersuchungen der Bohrungen mit Expreßmethoden durchgeführt, um Veränderungen des Sohlendrucks (ΔP_c) und Veränderungen des Volumens der Flüssigkeit zu bestimmen, die in die Sonde in der Zeit nach Anhalten der Bohrung eindringt (ΔV) (solche graphischen Darstellungen werden zur Bestimmung der Schichtparameter benutzt).

In Westsibirien wurden mit Expreßmethoden viele Erkundungsbohrungen untersucht. Die erhaltenen Ergebnisse korrelierten gut mit den Ergebnissen der Probeentlastungen und den Methoden der Wiederherstellung (des Abfalls) des Druckes.

Die abschließende Etappe der Erkundung von Erdöl- und Erdgaslagerstätten ist die Vorratsberechnung, die in der absoluten Mehrzahl der Fälle mit Hilfe der Volumenmethode durchgeführt wird. Auf den späteren Etappen der Exploitation von Erdöllagerstätten wird auch die Methode der Materialbilanz angewendet (in alten erdölfördernden Bezirken).

Die Möglichkeit, Gaslager und -lagerstätten in die Probeförderung bereits während der allerersten Periode ihrer industriellen Erkundung zu nehmen, hat es notwendig gemacht, das Herangehen an die Einschätzung der Gasvorräte zu verändern. Die Probeförderung aus Gaslagern und -lagerstätten kann als eine Methode der industriellen Erkundung von Gaslagerstätten betrachtet werden.

In diesem Zusammenhang muß die Volumenmethode der Vorratsberechnung an Erdgas, Gaskondensat und

Erdölerdgas als vorläufige Methode betrachtet werden, als einschätzende Methode. Die endgültige Erdgasvorratsberechnung der Lagerstätten muß mit Hilfe des Druckabfalls in den Lagern auf Grund der Ergebnisse der Probeförderung durchgeführt werden.

Die Etappe der industriellen Erkundung von Lagern und Lagerstätten des Erdöls und des Erdgases schließt mit der Berechnung der Erdöl- und Erdgasvorräte in den Vorratskategorien C_1, B oder C_1 + B ab.

Eines der wichtigsten Elemente für die Projektierung eines rationellen Abbausystems für Erdöllagerstätten ist die Gliederung einer mächtigen produktiven Folge in einzelne Exploitationsobjekte. Aus der Praxis des Abbaus von Erdöllagerstätten ist bekannt, daß die unbegründete Ausgliederung einer großen Anzahl von Exploitationsobjekten zum Ansatz einer bedeutenden Anzahl von Bohrnetzen und einer schroffen Senkung der Effektivität des Abbaus führte.

Als Exploitationsobjekt sollte ein solcher Teil des produktiven Profils einer Erdöl- oder Erdgaslagerstätte bezeichnet werden, der — ausgehend von den geologischen und technischen Bedingungen sowie ökonomischen Überlegungen — zum Abbau mit Hilfe eines Sondennetzes vorgesehen ist. Ein Exploitationsobjekt kann eine Schicht ausreichender Mächtigkeit umfassen, mehrere Schichten und in einigen Fällen eine ganze erdölführende Folge.

Die Vereinigung mehrerer Schichten in einem Exploitationsobjekt ist so vorzunehmen, daß die Einbeziehung eines wasserführenden Horizonts vermieden wird, da dieser die Ursache für einen Wasserdurchbruch sein (bei Verletzung des Zementringes im Raum außerhalb der Verrohrung) und zu bedeutenden Schwierigkeiten bei der Exploitation der Bohrungen führen könnte.

Ein Exploitationsobjekt muß solche Schichten umfassen, die Erdöl mit ähnlicher Qualität und physikochemischen Eigenschaften enthalten, die auf die Filtrationsbedingungen des Erdöls in der Schicht Einfluß ausüben. Exploitationsobjekte werden nach den Besonderheiten der lithologischen Zusammensetzung und der physikalischen Eigenschaften der erdölführenden Horizonte und Folgen ausgegliedert. Dabei sind die Permeabilität und Porosität, der Stabilitätsgrad der Kollektoren (Möglichkeit der Bildung von Sandpfropfen), die Klüftigkeit und andere physische Eigenschaften der produktiven Schichten entscheidend. Exploitationsobjekte mit geringen Förderraten der Sonden werden — zwecks schroffer Verringerung der Investitionen für das Bohren — durch Umstellung der Sonden von tiefer liegenden Schichten (bei deren Erschöpfung oder Erreichung der Rentabilitätsgrenze) abgebaut.

Ein Exploitationsobjekt muß soviel Vorräte enthalten, daß die Rentabilität ihrer Gewinnung im Verlauf der ganzen Abbauperiode und zugleich relativ hohe Förderraten der Sonden gesichert sind.

Bei der Ausgliederung von Exploitationsobjekten muß unbedingt die mögliche Anwendung der Methoden zur Erhaltung des Schichtdrucks beachtet werden. Folglich bestehen die Wege zur beschleunigten Überführung der Lagerstätte in den Abbau:

1. in der Überlappung der Etappen der Erkundung und des Abbaus von Erdöl-, Erdgaserdöl-, Erdgas- und Erdgaskondensatlagerstätten. Gedacht wird an die Niederbringung von Erkundungsbohrungen in einem aufgelockerten Abbaunetz mit einer Konstruktion, die unter Beachtung der Forderungen an Fördersonden festgelegt wurde;

2. in der Aussonderung von Etagen der Erdöl-Erdgas-Führung nach den Bohrergebnissen der ersten Bohrungen. Bei bedeutenden Mächtigkeiten der produktiven Folgen werden diese Etagen durch ein selbständiges Sondennetz erkundet. Es wird empfohlen, die Erkundung von mehrschichtigen Lagerstätten etagenweise vorzunehmen. Dabei werden als Basisobjekte (Horizonte oder Schichten) solche ausgewählt, die in den Abbau übernommen werden;

3. in der Bestimmung der Schichtparameter, der Regime und industriellen Bedeutung der ermittelten Lager — in der Suchetappe — durch Anwendung von Schichtprüfern, die mit Tiefengeräten ausgerüstet sind, kombiniert mit bohrlochgeophysikalischen Untersuchungen und obligatorischer Durchführung einer Probeförderung.

4. Die eingehende Erkundung und die Vorbereitung von Vorräten in der Kategorie B werden nur in großen, mittleren und kompliziert gebauten Lagerstätten durchgeführt.

5. Erdöllagerstätten geringer Größe ebenso wie Erdgaslagerstätten mit Vorräten von etwa 5 Mill. t Erdöl bzw. 5 Mrd. m^3 Erdgas werden in den Abbau einbezogen ohne Bestätigung der Vorräte durch die StVK, auf der Basis operativer Einschätzungen, die von den Ministerien durchgeführt werden.

Die Richtung der Sucharbeiten auf Gaslager in den Riffen des Unterperms in den nördlichen Randzonen der Kaspischen Senke

T. M. SOLOJEW, A. M. BUROWOI & N. F. MEDWEDJEW, UdSSR

Es ist bekannt, daß die industrielle Erdölführung der Karbonatgesteine des Oberdevons und der Tournai-Stufe in den Randzonen des Kamsker–Kinelsker Senkungssystems und die Erdöl- und Gasführung der unterpermischen Ablagerungen des Tafelrands der Uralvorsenke mit Riffen verbunden sind. Das Studium der Bohrdaten der letzten Jahre zeigt eine ausgedehnte Entwicklung der Riffkörper in verschiedenen stratigraphischen Komplexen des Karbonats im Paläozoikum (Vorkungur-Stufe) im Wolga—Ural-Gebiet und in den angrenzenden Territorien (MIRTSCHINK u. a. 1965; SCHESCHUKOW 1963). Die Riffazies der Asselsker—Artinsker Stufe wurden auch im inneren Teil der nördlichen Randzone der Kaspisenke entdeckt. Damit haben sich die Vermutungen (GRATSCHEWSKIJ 1961) über die nicht-

Aus: „Geologija nefti i gasa", Nr. 10, S. 23–25 (1970).
Übers.: N. WELZER, Berlin.

kompensierte Absenkung der Kaspisenke (oder ihrer einzelnen Bereiche) während der unterpermischen Zeit sowie über die Möglichkeit der Riffbildung in ihren Randzonen bestätigt.

Da die nördliche Randzone durch eine maximale Gassättigung der Schichtwässer des Vorkungur-Paläozoikums (SORJKIN u. a. 1965) gekennzeichnet ist und jede Erhebung zweiter oder dritter Ordnung (unabhängig von der Genese) hier potentiell ein Gaslager ist, entsteht die Frage: Wo können große Gasakkumulationen nachgewiesen werden? Deswegen kann das Entdecken von Bereichen der wahrscheinlichsten Entwicklung von Riffbauten mit großer Amplitude als ein Suchen nach großen Gaslagern angesehen werden.

Aus der Tabelle über einige Einzelheiten von unterpermischen Riffen der Uralvorsenke, zusammengestellt nach dem Material von BERETO (1968) und dem Material der Produktionsorganisationen, ist zu ersehen, daß, obgleich sich die einzelnen Massive durch die Tiefenlagerung ihrer Kuppen, durch die Höhe usw. wesentlich voneinander unterscheiden, die Veränderung der angegebenen Parameter jedoch bestimmten Gesetzmäßigkeiten unterworfen ist.

So sind alle Massive mit einer Höhe über 400 m, südlich vom Ischimbajewsker Ligament einerseits und nördlich vom Sowchoser Massiv andererseits, konzentriert, d. h., sie befinden sich in der Belsko—Sakmarsker Mulde. Nördlich und südlich des ausgesonderten Streifens wurden Riffe von bedeutend kleineren Ausmaßen angetroffen. Ihre Höhen übersteigen nicht 200 bis 300 m. Weiter zur Peripherie hin sind die riffartigen Anlagen im Relief weniger ausgeprägt und gehen in bioherme Bildungen mit unklaren Konturen über oder verschwinden gänzlich. Z. B. bilden die biohermen Fazies südlich des Flusses Sakmara keine strukturellen Formen. Außerdem kann in ihrem Profil das Auskeilen der Sakmarsker Ablagerungen (LUNJAK 1967) beobachtet werden. Es ist charakteristisch, daß die räumliche Anordnung der Riffbauten mit der Verteilung der Mächtigkeiten gleichaltriger Ablagerungen des karbonatischen Schelfs im anliegenden Teil der Plattform übereinstimmt (Abb.). Den Abschnitten mit erhöhten Mächtigkeiten der Schelfablagerungen entsprechen Riffmassive mit hohen Amplituden und denen mit reduzierten Mächtigkeiten Riffe geringer Höhe oder bioherme Bildungen, die keine ausgeprägten strukturellen Umrisse haben.

Man kann daher folgern, daß sich Massive mit größten Reliefs in der Zone des Übergangs von großen Mächtigkeiten der karbonatischen Schelfablagerungen in die Depressionsfazies der Tiefseebecken bilden, d. h., die Riffbauten wachsen besonders intensiv in den Abschnitten der größten Durchbiegung, bezogen auf einen bestimmten Zeitabschnitt. Diese Abhängigkeit kann eines der Kriterien für gerichtete Sucharbeiten auf riffartige Reliefmassive in wenig untersuchten Bereichen bilden.

In den am tiefsten abgetauchten Massiven, bei denen die Mächtigkeit der sie überdeckenden chemischen Ablagerungen der Kungur-Stufe 500 m übersteigt, erreicht der Füllungsgrad der Fallen 90 bis 100%, und die Erdöllager werden von Gas-Erdöl- und Gaskondensatlagern abgelöst (Wwedenowsker, Kontschurinsker, Sowchoser und andere Lagerstätten). So stehen der Füllungsgrad der Falle und die in ihr enthaltene Zusammensetzung der Kohlenwasserstoffe (Erdöl oder Gas) in direkter

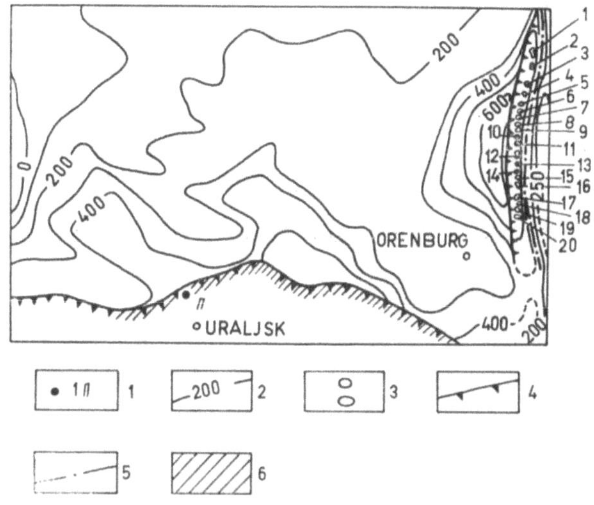

Abb. Karte der Mächtigkeiten und der Fazies des frühpermischen (Vorkungur-) Karbonatkomplexes (P_1ass-P_1art) des Südostens des Wolga—Ural-Gebiets

Legende: 1 — Bohrung 1 II Teplowsk; 2 — Linie gleicher Mächtigkeiten; 3 — Riffe des Westrands der Uralvorsenke; 4 — rezenter Rand der Kaspisenke und Westrand der Uralvorsenke auf Grund der Ablagerungen der Artinsk-Stufe; 5 — westliche Entwicklungsgrenze der Depressionsfazies der Asselsk—Artinsk-Stufe der Uralvorsenke; 6 — vermutete Bereiche der Entwicklung von Reliefriffbauten in der nördlichen Randzone der Kaspisenke. Riffmassive: 1 — Ischimbajewskij; 2 — Allakajewskij; 3 — Stoljarowskij; 4 — Sewero-Sirganskij; 5 — Wwedenowskij; 6 — Jushno-Wwedenowskij; 7 — Tereklinskij; 8 — Gratschewskij; 9 — Staro-Kasankowskij; 10 — Oserkinskij; 11 — Musinskij; 12 — Kontschurinskij; 13 — Sewero-Kumertauskij; 14 — Kumertauskij; 15 — Ermolajewskij; 16 — Majatschny; 17 — Kunakbajewskij; 18 — Kaslairowskij; 19 — Jakupowskij; 20 — Sowchosny

Abhängigkeit von der Undurchlässigkeit der Hutgesteine.

Es gibt Gründe für die Behauptung, daß auch in den Riffbauten der nördlichen Randzone der Kaspisenke vorwiegend Erdöl- und Gaskondensatlager vorkommen werden, da die Mächtigkeit der hydrochemischen Gesteine der Kungur-Stufe hier 1000 m und mehr erreicht. Als Beweis dafür werden die Entdeckung der Orenburger Gaskondensatlagerstätte und die oben angeführte maximale Gassättigung der Schichtwässer angesehen.

Die Mächtigkeiten der Tafelablagerungen des karbonatischen Schelfs der Asselsker—Artinsker Stufe in der nördlichen Randzone sind so verteilt, daß es möglich ist, in diesem Bereich sogleich die Hauptrichtungen für die Sucharbeiten auf Riffkörper festzulegen. Auf der Karte (s. Abb.) sind die größten Mächtigkeiten der Gesteine an die Irgissker und Busulusker Absenkungszonen gebunden, die von W nach E von den Klinzowsker—Uralsker, Tschaganskеr und Sol-Ilezker Bereichen mit reduzierten Mächtigkeiten begrenzt sind. In der weiteren Verfolgung der obengenannten größten Durchbiegungen, beim Übergang von marinen Küsten-(Schelf-)sedimentationsbedingungen zu den Depressionsablagerungen der durch Sedimente nicht kompensierten Becken werden wahrscheinlich auch die größten Relief-, Hochamplituden- und Riffbauten des Unteren Perms (Vorkungur-Stufe) entdeckt werden.

Von diesem Standpunkt aus sind für Sucharbeiten in erster Linie die Bereiche des Übergangs des gehobenen Teils der Tafel in die Kaspisenke, entlang den am deutlichsten ausgeprägten Stufen, interessant. Zu solchen Bereichen zählen augenscheinlich: das südwestliche Eintauchen des Sol-Ilezker Keils, der Innenteil der

Tabelle

Bezeichnung des Riffmassivs	Maximale Höhenmarke des Massivs, m	Verschlußmarke der Falle, m	Höhe des Massivs, m	Füllungsgrad der Falle
Pokrowskij	–	–	140	–
Jurak-Tau	+ 189	– 106	295*)	–
Kusch-Tau	+ 175	– 110	285*)	–
Schach-Tau	+ 145	– 105	250*)	–
Kartaschowskij	–	–	–	–
Kusjapkulowskij	– 100	– 600	500	–
Ischimbajewskij	– 100	– 860	760	500/760 = 0,65
Termenj-Elginskij	– 110	– 860	750	490/750 = 0,65
Allakajewskij	– 700	–1050	350	315/350 = 0,9
Stoljarowskij	– 240	– 600	360	210/360 = 0,58
Sewero-Sirganskij	– 628	–1000	372	270/372 = 0,7
Wwedenowskij	– 530	–1100	570	470/570 = 0,82
Jushno-Wwedenowskij	– 710	–1100	390	340/390 = 0,87
Tereklinskij	– 790	–1180	390	353/390 = 0,88
Gratschewskij	– 800	–1240	440	405/440 = 0,92
Staro-Kasankowskij	– 516	–1050	534	504/534 = 0,9
Oserkinskij	–1247	–1410	163	143/163 = 0,9
Musinskij	–1260	–1450	190	160/190 = 0,85
Kontschurinskij	– 950	–1500	550	500/550 = 0,91
Sewero-Kumertauskij	–1350	–1502	152	152/152 = 1
Kumertauskij	–1050	–1550	500	500/500 = 1
Ermolajewskij	–1400	–1590	190	170/190 = 0,91
Kunakbajewskij	–1500	–1740	240	–
Sowchosny	–1226	–1710	484	465/484 = 0,96

*) Bei den einzelnen Daten der Riffmassive handelt es sich um angenäherte Daten auf Grund der Berechnung aus der Strukturkarte Oberkante der Artinsk-Stufe.

Randzone von der Siedlung Ilek im E bis zur Siedlung Rubeshinskoje im W und die Territorien nördlich der Stadt Uraljsk.

Bei der darauffolgenden Realisierung des Plans der regionalen und der Such- und Erkundungsarbeiten in den Bereichen der nördlichen Randzone der Kaspisenke müssen die Anordnung der geophysikalischen Untersuchungsarten (Hochfrequenz-Gravimeteraufnahmen und NRP-Methode) und die Profilanlage der Tiefenerkundungsbohrungen unter Berücksichtigung der erwähnten Möglichkeiten für die Entdeckung von Riffmassiven, also auch von Erdgaslagern, in dem erwähnten Bereich durchgeführt werden.

Literatur

GRATSCHEWSKIJ, M. M.: Über die möglichen Riffe permischen Alters im randnahen Teil des nördlichen Kaspigebietes. – Nowosti neftjanoi techniki (Geologija), Nr. 11 (1961).

LUNJAK, I. A.: Stratigraphie, Fazies und Speichereigenschaften der Gesteinsablagerungen des unteren Perms im Orenburger Uralgebiet im Zusammenhang mit ihrer Erdöl- und Gasführung. – Tesisi nautschnogo seminara MINHIGP, M. (1967).

MIRTSCHINK, M. F., R. O. CHATSCHATRJAN, W. I. GROMEKA, JU. B. MITREIKIN, O. M. MKRTSCHJAN & G. W. NARTOW: Tektonik und Zonen der Erdöl- und Gasakkumulation des Kamsker–Kinelsker Depressionssystems. – Verl. Nauka (1965).

SAWTSCHENKO, W. P., & Ja. A. BERETO: Über die mögliche Abhängigkeit zwischen der Lagerungstiefe von Gas- und Erdöllagern und der hermetischen Dichte der Sulfatüberdeckungen. – Geologija nefti i gasa, Nr. 2, (1968).

SCHESCHUKOW, N. L.: Die Besonderheiten der Sedimentation des Oberdevons und der Tournai-Stufe im Bereich der Kinelsker Dislokationen. – Neftjanaja geologija i geofisika, Nr. 9 (1963).

Zur Verteilung, Typisierung und graphischen Dokumentation hydrochemischer Verhältnisse im genutzten Grundwasser mit vorwiegend geringem Mineralisationsgrad

HARTMUT GLANDER, Berlin

1. Vorbemerkungen

Sowohl auf dem Gebiet der Mineralwasserforschung als auch bei der weiteren Vertiefung der Kenntnisse zur hydrogeologischen Forschung und Erkundung im nichtmineralisierten Grundwasserbereich interessieren in jüngerer Vergangenheit, in der Gegenwart, aber auch vor allem zukünftig immer mehr die spezifizierten hydrochemischen Verhältnisse. Vorliegender Beitrag wird sich schwerpunktmäßig mehr den hydrochemischen Verhältnissen, ihrer Verteilung, Typisierung und kartographischen Wiedergabe im süßen Grundwasser zuwenden, obwohl sich immer wieder methodische, aber auch sachliche Anknüpfungspunkte zu den Mineralwässern ergeben. Im Lockergesteinsbereich, aber auch im Übergangs- und Festgesteinsbereich der DDR tritt

Eingang des Manuskripts in der Redaktion: 6. 7. 1971.

Zeitschrift für angewandte Geologie, Bd. 17 (1971), Heft 12

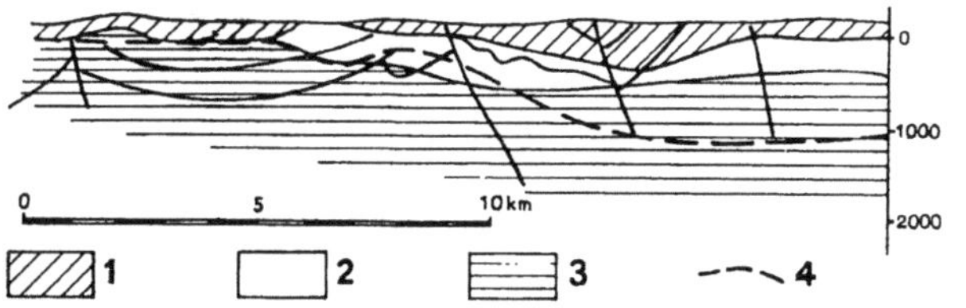

Abb. 1. Beispiel für ein Grundwassertypenprofil nach MICHEL (1963)

Grundwassertypen

1 – Ca – Na – **HCO₃** – SO₄ – Cl
und Na – Ca – **HCO₃** – Cl – SO₄
2 – Na – Ca – SO₄ – Cl
und Na – Ca – SO₄ – HCO₃ – Cl
3 – **Na** – Cl
und **Na** (Ca) – Cl
4 – 1000-mg/l-Chlorid-Grenze

außer dem Regelfall der vertikalen Anordnung von Süßwasser über Salzwasser auch punkt- oder zuweilen bandförmig eine horizontale Anordnung von Süß- und Salzwasser im genutzten Grundwasserleiter auf.

Als Grenzwert zur Trennung von Süß- und Salzwasser wird hier zunächst der Wert von 1000 mg/l NaCl = 606,6 mg/l Cl′ zugrunde gelegt. In vorliegendem Aufsatz gelangen vorwiegend die hydrochemischen Verhältnisse und Parameter oberhalb der Süß-/Salzwasser-Grenze zur Betrachtung, wobei durchaus — und das zeigt die hydrogeologische und wasserwirtschaftliche Erkundungspraxis immer wieder — hydrochemische Anomalien und Versalzungserscheinungen in häufig genutzten Teufenbereichen bis zu Oberflächennähe auftreten. Die Grenze zwischen Süß- und Salzwasser, die je nach vorhandenen lokalen Gegebenheiten wohl mehr als Grenzschicht mit Übergangsmerkmalen aufzufassen ist, hängt im wesentlichen von der Entfernung zu „Salzwasserspendern", vom Vorhandensein und von der Ausbildung impermeabler und permeabler Schichten und von den hydraulischen Verhältnissen ab. MICHEL (1963) gibt für die Ursachen der Grenzziehung im Bereich der Niederrheinischen Bruchzone u. a. folgende Kriterien an:

Mächtigere Tonschichten sind für schwache Elektrolytlösungen undurchlässig.

Eindringendes Niederschlagswasser kann, wo es unbehindert versickern kann, vorhandenes Salzwasser verdrängen.

Versalzenes Wasser kann von unten her in Süßwasser eindringen, wenn das hydrostatische Gleichgewicht, z. B. durch Großwasserentnahmen, gestört wird. In den Gebieten, wo intakte Salzlagerstätten im Untergrund ausgebildet sind, ist die Grenze Süßwasser/Salzwasser von der Tiefenlage des Salzes und der Ausbildung des Deckgebirges über dem Salzlager abhängig.

Zusammenfassend bemerkt MICHEL, daß die Grenzzone Süßwasser/Salzwasser (chemisch 1000-mg/l-Cl′-Grenze) abhängig ist von:

a) den speziellen geologischen und topographischen Verhältnissen;

b) der ursprünglichen Verbreitung des Salzwassers (Nähe von Salzlagerstätten, fossile Sole, connate water i. w. S., Meerwasserinfiltration);

c) Schichten, die das oberflächennahe süße Grundwasser an der Versickerung hindern;

d) der jüngeren Tektonik (die Grenze läuft ehemalig zusammengehörigen Schichten parallel);

e) Kluft- und Spaltenzonen.

Im Zuge von Druckdepressionen bei Tal- und Flußauen und bei Ausräumungen weitverbreiteter Staukomplexe wie des mitteloligozänen Rupeltons besteht weiterhin die Möglichkeit, das zeigen die Erfahrungen z. B. in Mecklenburg und Brandenburg, daß sich die Süß-und-Salzwasser-Grenze stark bis in Oberflächennähe verschiebt (GLANDER 1970).

Insbesondere in den Salzstellen gelangt diese bis zur Erdoberfläche (HUCKE 1922, DEECKE 1907, GEINITZ 1922).

2. Beispiele bisher durchgeführter Untersuchungen

Eine der ersten Untersuchungen über die Beschaffenheit des Grundwassers in der DDR ist von HEIN (1953) publiziert worden. Ergebnis der Überprüfung von Wasseranalysen aus Wasserwerken und Hygieneämtern ist eine Berichterstattung mit einer Karte, die vier Zonen mehr oder minder ähnlichen Verhaltens zeigt:

1. die Gebirgszüge der varistischen Faltung: Harz, Thüringer Wald, Erzgebirge und Lausitzer Gebirge — weiches und sehr weiches Quellwasser mit geringem Abdampfrückstand — zum Teil aggressive Kohlensäure;

2. das Gebiet des Thüringer Beckens zwischen Harz und Thüringer Wald; das Gebiet der oberen Werra und die nördliche und östliche Umrahmung des Harzes bis in die Gegend von Leipzig—Köthen—Magdeburg —

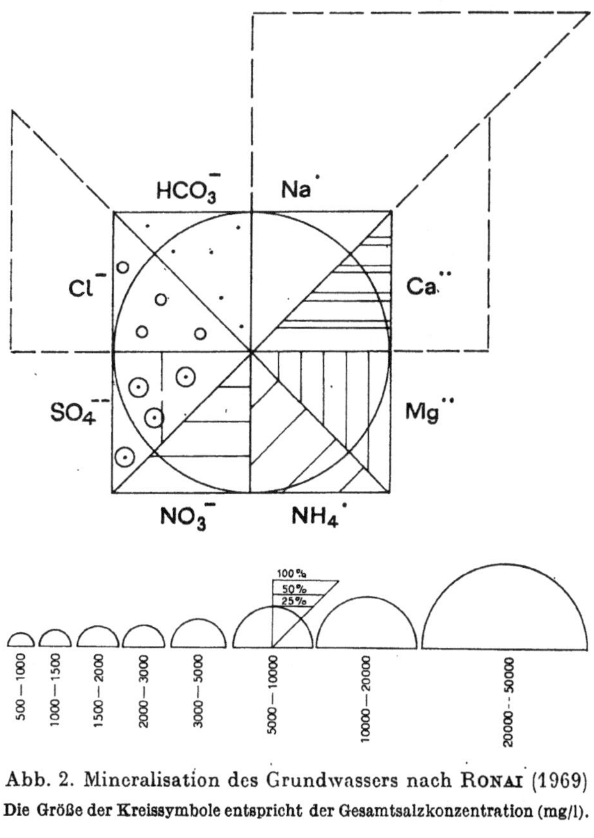

Abb. 2. Mineralisation des Grundwassers nach RONAI (1969)
Die Größe der Kreissymbole entspricht der Gesamtsalzkonzentration (mg/l).

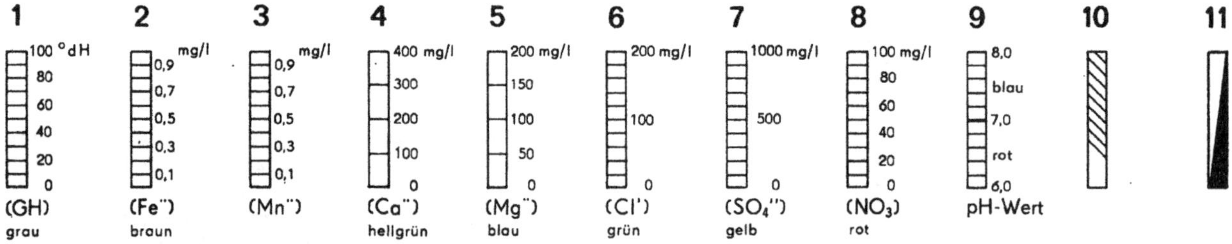

Abb. 3. Erläuterungen zu einem Hydrochemischen Kartogramm nach HOHL & BAURIEGEL (1969) (Ausschnitt)

Darstellung der Analysenbefunde auf dem Kartogramm in farbigen, unterschiedlich hohen Säulen nebeneinander: 1 – Gesamthärte; 2 – Eisengehalt; 3 – Mangangehalt; 4 – Kalzium; 5 – Magnesium; 6 – Chlorid; 7 – Sulfat; 8 – Nitrat; 9 – pH-Wert; 10 – zulässiger Grenzwert überschritten, 11 – Analysenwerte schwanken zwischen ...
Die Farbe des Analysenentnahmepunktes neben den Analysen auf dem Kartogramm gibt die Herkunft des Wassers an, z. B. gelb – Quartär, rot – Muschelkalk, grün – Oberer Buntsandstein usw.

hartes und sehr hartes Wasser mit sehr hohem Abdampfrückstand, vorwiegend hohe, bleibende Härte, hoher Chlorid- und Sulfatgehalt;

3. der Zug des Baltischen Höhenrückens in Mecklenburg und in der Uckermark zwischen der Trave und der unteren Oder — hartes Wasser, vorwiegend Karbonathärte, eisenhaltig.

4. Zwischen dem unter 1. und 3. genannten Gebiet erstreckt sich die vierte Zone (im wesentlichen Brandenburg) — wechselnde chemische Zusammensetzung des Wassers; es ist weich und mittelhart, Eisengehalt ist häufig.

Im Rahmen der hydrogeologischen Übersichtskartierung 1:200000 gelangten die hydrochemischen Verhältnisse des genutzten Grundwassers erstmalig zur gesamtstaatlichen Auswertung (ZIESCHANG 1961 und 1968 b, GLANDER 1969 b). Zur Darstellung gebracht wurden die Verteilung der Gesamthärte und meistens auch die Verteilung der Chloride (insbesondere bei geogener Versalzungsgefahr) sowie weitere Angaben, wie z. B. Verbreitung des Rupeltons, Antiklinalstrukturen, Verbreitung des marinen Zechsteins usw.

Des weiteren geben die Zusammenstellungen der Analysenergebnisse in den Erläuterungen (synchron zu den Analysenentnahmepunkten auf der Härtekarte) und die textlichen Beschreibungen der Hydrochemie Aufschluß über den Makrochemismus, und zwar mit Bekanntgabe der Lokalität, von Entnahmedatum und -tiefe, pH-Wert, Cl, SO_4 (nur teilweise), NO_3, Eisengehalt, kalkaggressive CO_2, Gesamthärte und Karbonathärte. Wie zu ersehen, handelt es sich hier vorwiegend um die für die wasserwirtschaftliche Beurteilung notwendigen Faktoren. Zur Zeit der methodischen Bearbeitung standen meistens auch nicht mehr Faktoren zur Verfügung.

Noch effektiver wäre die Angabe von Vollanalysen, wie sie z. B. in der Methodik der hydrogeologischen Spezialkartierung vorgesehen und auch praktiziert worden sind. Die hydrogeologische Spezialkartierung gibt beispielsweise in den beiden vorliegenden Musterblättern Rüdersdorf und Lubmin Auskunft über die Komponenten des Makrochemismus und über die hydrochemische Typenverteilung in Ionenanteilen (GLANDER 1968, 1969 a, 1969 b). Die Hauptanionen HCO_3, SO_4, Cl und Hauptkationen Ca, Mg, Na, K wurden nach ihrem jeweiligen Anteil sortiert und dann nach SCHUKAREW (1967) oder TICKELL (1921) typisiert.

MICHEL (1963) befaßt sich vorwiegend mit der Tiefenlage der Grenze Süß-/Salzwasser sowie mit der Hydrogeologie und Chemie des tiefen Grundwassers, vermittelt aber zudem Vorstellungen über vertikale und horizontale hydrochemische Typenverteilungen, in denen auch die Beziehung zur Süß-/Salzwasser-Grenze und damit zu wasserwirtschaftlich eventuell noch nutzbaren Teufen Berücksichtigung findet (Abb. 1).

ZIESCHANG (1968 a) gibt in den grundsätzlichen Ausführungen zur Mineralwasserverbreitung in der DDR auch Ansatzpunkte zur Beurteilung des hydrochemischen Typs der süßen Grundwässer, indem die spezifischen hydrochemischen Bedingungen der liegenden höher mineralisierten Wässer und ihre wahrscheinlichen Ursachen, z. B. Zechstein-Salinar oder geochemische Ausbildung der mesozoischen Sedimente, in den einzelnen Mineralwasserprovinzen erläutert werden. So haben beispielsweise die Aufschlußpunkte Bad Sülze und Koblentzer See in der Mineralwasserprovinz I (Ostsee-Kreideprovinz) in sehr flachen Teufenbereichen, die sonst durch Süßwasser geprägt sind, ein relativ schwaches Mineralwasser vom Typ NaCl aufzuweisen, das aus der Kreide oder aus älteren Schichten (Trias—Perm) aufsteigen kann.

Das oberflächennahe Grundwasser in der Mineralwasserprovinz V (Thüringer Beckenprovinz) kann dagegen punkt- oder bandförmig durch sulfatische Wässer aus dem Mittleren Keuper und durch chloridische Wässer aus der Ablaugung des Zechstein-Salinars gekennzeichnet sein.

Durch WAGER (1958) wurden der Chemismus des tieferen Grundwassers und seine Beziehungen zu den Oberflächengewässern näher beleuchtet. Abgesehen von Aussagen über den Cl'-Gehalt in größeren Teufen gelangt er zu der Feststellung, daß das seichte Grundwasser in Nordwestdeutschland die meisten Chloride führt, während im süddeutschen Molassebecken und im Rheingraben geringe bzw. mittlere Gebietswerte erreicht werden. Als Ausgangsposition gelten hierbei die Cl'-Belastungen der Flüsse Weser (bei Bremen 50 mg/l), Donau (bei Wien und Budapest 2 mg/l) und Rhein (ab Basel bis zu 20 mg/l, Auswertung von Altanalysen). In allen Grundwasserlandschaften spiegelt sich offenbar nach WAGER der generelle Grad der Versalzung im Tiefenwasserbereich auch im seichten Grundwasserbereich wider, wenn man natürlich weite Räume und größere statistische Abhängigkeiten betrachtet.

Eine Typisierung mineralisierter und nichtmineralisierter Grundwässer hat den Vorteil, wie LÖHNERT (1968) ausführt, daß hydrochemische Zusammenhänge am

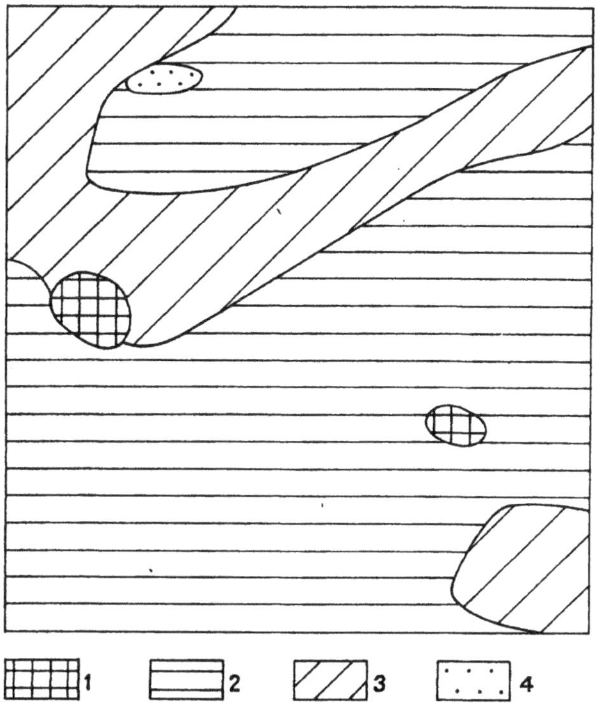

Abb. 4. Hydrochemische Typenverteilung in einem Beispielsgebiet südöstlich von Berlin

Das Grundwasser hat vorwiegend folgenden Typ (nach der Hauptverteilung der Ionen):
1 – Na K Cl, 2 – Ca Mg HCO_3 SO_4, 3 – Ca Mg HCO_3, 4 – Ca Mg Cl SO_4

Kontakt zwischen versalzenem Tiefenwasser und Süßwasser erkannt werden können. Unter Berücksichtigung des Ionentausches lassen sich Herkunftsfragen, insbesondere der Beziehungen zwischen seichten, der ständigen Neubildung unterliegenden Grundwässern, „tieferen Süßwässern" und höher mineralisierten Wässern klären. Dies bedeutet eine Hilfestellung sowohl für Fragen der Trinkwassererschließung als auch für hydrogenetische Betrachtungen. So ergeben sich beispielsweise oberhalb oder in der o. g. Kontaktzone zwischen Grundwässern vom Typ Ca-Mg-HCO_3 und Na–Cl Austauschwässer mit Alkalihydrogenkarbonat, die durch mäßige Cl-Gehalte und relative Armut (bis Fehlen!) von Erdalkalien gekennzeichnet sind. Andererseits führt LÖHNERT an, daß sich bei den höher konzentrierten Salzwässern auch solche mit relativ großen Erdalkalimengen finden, sogenannte Regenerationswässer, deren Entstehung ebenfalls auf Kationenaustausch zurückgeführt wird. Alkalihydrogenkarbonatwässer sind demnach u. a. auf endogeogene Einflüsse, Salzwässer mit erhöhten Erdalkalimengen vorwiegend auf exogeogene (infiltrationsbedingte) Einflüsse zurückzuführen.

Bei einer Umschau bei Fachkollegen in der VR Polen, der Ungarischen VR und der ČSSR fällt auf, daß zur Darstellung hydrochemischer Verhältnisse zwei methodische Grundrichtungen angewandt werden. Bei KOLAGO (1962) bzw. ERDELYI (1965) z. B. werden Chloride, Eisengehalt, Gesamthärte oder Gesamtmineralisation in Zahlenangaben bzw. in Isolinien zur Darstellung gebracht. RONAI (1966) dagegen entwickelte und verwendete ein sternförmiges (farbiges) Diagramm am Aufschlußpunkt, das sowohl hydrochemischen Typ bzw. prozentuales Schwergewicht der Ionen als auch die Größe der Gesamtmineralisation wiedergibt (Abb. 2).

HOHL (1969) erörtert in seinen Ausführungen zur Methodik der hydrogeologischen Spezialkartierung im Festgesteinsbereich eine Kombination von punkt- und flächenförmiger Darstellungsmethode sowie von Haupt- und Nebenkarten. Beispielsweise werden säulenförmige hydrochemische Kartogramme in mg/l der Hauptkomponenten (Abb. 3) und hydrochemische Verteilungskarten ähnlich der hydrogeologischen Übersichtskartierung (ZIESCHANG 1961 u. 1968, GLANDER 1969 b) vorgeschlagen und an Beispielen erprobt. Daneben plädiert HOHL (1969) in Anlehnung z. B. an FURTAK & LANGGUTH (1967) für eine Angabe der hydrochemischen Komponenten in mval/l bzw. mval-% und für eine Typisierung der Grundwässer.

Wünschenswert wäre aber auch bei der Angabe der Einzelkomponenten in mval/l eine Tabelle, die die Umrechnung in mg/l gestattet, bzw. die Beigabe der Originalanalysendokumentation wie bei der hydrogeologischen Spezialkartierung (GLANDER & BEYWL 1969).

3. Typisierungsmöglichkeiten

Bereits vor mehr als 20 Jahren gelangte NÖRING (1950) durch Auswertung von Wasseranalysen zu Gesetzmäßigkeiten der Ionenverteilung auf Grund genetischer Überlegungen und unter Berücksichtigung anthropogener Einflüsse. Für untersuchungswürdig hielt er bereits die Frage, ob in hydrochemischen Karten die natürlichen Verhältnisse oder die derzeitigen künstlich veränderten

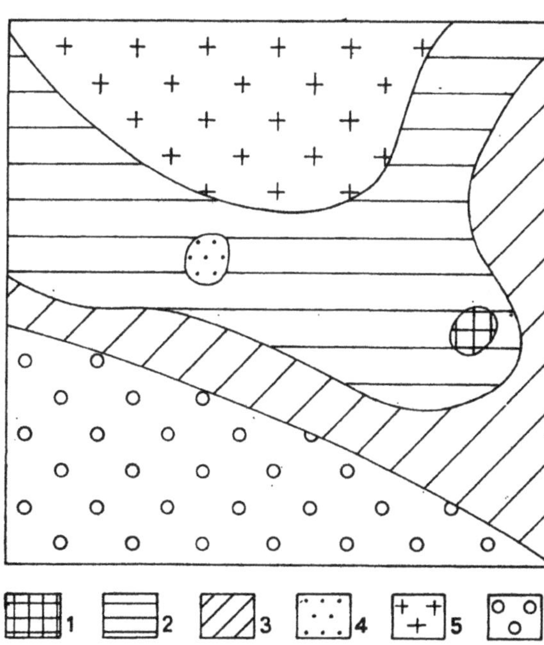

Abb. 5. Hydrochemische Typenverteilung in einem Beispielsgebiet zwischen Thüringer Wald und Erfurt

Das Grundwasser hat vorwiegend folgenden Typ (nach der Hauptverteilung der Ionen):
1 – Na K Cl, 2 – Ca Mg HCO_3 SO_4, 3 – Ca Mg HCO_3, 4 – Ca Mg SO_4 Cl, 5 – Ca Mg SO_4, 6 – Na K HCO_3 SO_4

Verhältnisse bzw. mögliche Veränderungen darzustellen seien.

Wohl auf Grund statistischer Auswertungen schied er folgende Haupttypen aus:

1. salinarischer Typ:
   chloridisch, sulfatisch, nitratisch;
2. karbonatischer Typ;
3. Eisen-Mangan-Typ;
4. basenarmer Typ.

Für die Typisierung und vergleichende Betrachtung der chemischen Zusammensetzung des Grundwassers eignet sich ein Verfahren von SCHUKAREW, das von der Hauptverteilung der Ionen ausgeht und ursprünglich 49 Ionenkombinationen aufweist, für die Bearbeitungszwecke in der DDR aber modifiziert und vereinfacht wurde (Hydrogeologische Spezialkartierung, GLANDER & BEYWL 1969). Voraussetzung ist eine Umrechnung der gebräuchlichen mg/l-Angaben in mval/l und anschließend in mval-%. Das modifizierte Schema nach SCHUKAREW weist sechs Anionengruppen (SO_4^{-2} HCO_3^{-1}; HCO_3^{-1}; HCO_3^{-1} Cl^{-1}; Cl^{-1}; SO_4^{-2} Cl; SO_4^{-2}) sowie zwei Kationengruppen (Ca^{+2} Mg^{+2}; $Na^{+1}K^{+1}$) auf. Der maßgebliche Schwellenprozentsatz basiert auf der Forderung von > 25 mval-% für Anionen und von > 50 mval-% für Kationen. Eine entsprechende Auswertung für einen Raum südöstlich von Berlin sowie zwischen Thüringer Wald und Erfurt zeigen die Abb. 4 und 5.

Unter Berücksichtigung der Löslichkeit und in Weiterentwicklung der Klassifikation von N. S. KURNAKOW entwickelte WALJASCHKO (1966) eine andere Typisierung und definierte einen Karbonat-, einen Sulfat- und einen Chlorid-Typ.

1. Karbonat- oder Soda-Typ

Die Hauptkomponenten sind: CO_3^{--}, SO_4^{--}, HCO_3^-, Cl^-, Na^+ (K^+).

Ca^{++} und Mg^{++} in den Grenzen der Löslichkeit ihrer Karbonate.

2. Sulfat-Typ

Die Hauptkomponenten sind: SO_4^{--}, Cl^- $Na^+(K^+)$, Mg^{++}, CO_3^{--} (HCO_3^-) im Löslichkeitsbereich der Kalzium- und Magnesiumsalze; Ca^{++} im Löslichkeitsbereich des Karbonats, Bikarbonats und Sulfats. Es können zwei Untertypen unterschieden werden: der Natriumsulfat-Typ und der Magnesiumsulfat-Typ.

3. Chlorid-Typ

Die Hauptkomponenten sind: Cl^-, $Na^+(K^+)$, Mg^{++}, Ca^{++}. CO_3^{--} (HCO_3^-) im Löslichkeitsbereich der Kalziumsalze.

Diese Klassifikation ermöglicht eine Erfassung fast aller mineralisierten Wässer der Erdoberfläche und ihrer sedimentären Abfolgen. Nicht erfaßbar sind saure Wässer, die in vulkanischen Quellen und Kraterseen angetroffen werden und freie Salz- und Schwefelsäure enthalten. Das Vorhandensein dieser drei hydrochemischen Typen in der Natur ergibt sich auch aus den Gesetzmäßigkeiten, die beim Studium der Löslichkeit in den komplizierten Gleichgewichtssystemen und aus den Hauptkomponenten der natürlichen Wässer festgestellt wurden.[1])

Tab. 1 stellt das Klassifizierungsprinzip hinsichtlich der hydrochemischen Haupttypen dar.

Eine Anwendung dieser Prinzipien dürfte eine wertvolle Bereicherung der hydrochemischen Typisierung auch im Hinblick auf genetische Aspekte darstellen und allerdings die komplexe Betrachtung von wenig und hoch mineralisierten Grundwässern voraussetzen.

Eine ähnlich komplexe Betrachtung erfordern Typisierungen auch in vertikaler Hinsicht, wie sie z. B. in jüngster Zeit in der ČSSR weiterentwickelt und angewendet werden.

Tabelle 1

	Karbonat- (Soda-) Typ	Sulfat-Typ: Natrium- Untertyp	Sulfat-Typ: Magnesium- Untertyp	Chlorid-Typ
$\frac{rCO_3^{--} + rHCO_3^-}{rCa^{++} + rMg^{++}}$	>1	$\leqq 1$	$\ll 1$	$\ll 1$
$\frac{rCO_3^{--} + rHCO_3^- + rSO_4^{--}}{rCa^{++} + rMg^{++}}$	$\gg 1$	$\geqq 1$	$\leqq 1$	$\ll 1$
$\frac{rCO_3^{--} + rHCO_3^- + rSO_4^{--}}{rCa^{++}}$	$\gg 1$	$\gg 1$	$\gg 1$	$\leqq 1$
$\frac{rCO_3^{--} + rHCO_3^-}{rCa^{++}}$	$\gg 1$	$\lesseqgtr 1$	$\lesseqgtr 1$	<1

r = mval

Während hierin der Vergangenheit auch nur deskriptive hydrochemische Klassifikationen benutzt wurden, treten gegenwärtig zwei Hauptrichtungen der hydrochemischen Typisierung in den Vordergrund:

a) die Verfahren nach der Hauptverteilung der Ionen (z. B. nach PRIKLONSKI, SCHUKAREW und KURLOW);

b) die Verfahren, die sich auf die Berechnung hypothetischer Salze stützen (z. B. nach SULIN, PALMER, ALEKIN, POSOCHOW, KURNAKOW, WALJASCHKO, DUROW).

Jede Klassifikation ermöglicht einen etwas anderen Blickwinkel in der Betrachtung. Als günstig erweist sich eine Kombination zwischen beiden Hauptrichtungen, wie sie von JETEL (1970) vorgeschlagen und praktiziert wurde. Die Typisierung nach Hauptrichtung a) ermöglicht keine weitere Untergliederung bei Wässern mit vorherrschend NaCl, während die Typisierung nach der Hauptrichtung b) eine weitere Unterteilung zuläßt. Aus Tab. 2 geht das Prinzip der Klassifikation nach den beiden Hauptrichtungen a) und b) sowie der Kombination beider nach JETEL (1970) hervor.

Tab. 2 stützt sich auf hydrogeochemische Daten aus dem Bereich der Böhmischen Kreide und des Böhmischen Permokarbons und geht mit einer teufenmäßigen Zu-

[1]) Nach freundlichen Mitteilungen von H.-W. LEHMANN 1970, die sich auf Schwerpunkte der Methode von WALJASCHKO bezogen.

Tabelle 2

Hauptzonen	Kationenzonen	Subzonen	Bestimmung der Ionenverhältnisse nach ALEKIN u. POSOCHOW	Index	Entsprechender Typ (charakteristische Salzkombination) nach SULIN 1946
Obere Zone (Bikarbonat) $rHCO_3 > rCl$	$rCa > rNa$	C_{II}^{Ca}	$rHCO_3 > r(Ca + Mg)$ oder $rNa > r(Cl + SO_4)$	I	$Na-HCO_3$
		C_{I}^{Ca}	$rHCO_3 < r(Ca + Mg) < r(HCO_3 + SO_4)$ oder $r(Cl + SO_4) > rNa > rCl$	II	$Na-SO_4$
	$rNa > rCa$	C_{I}^{Ca}			
Untere Zone (Chlorid) $rCl > rHCO_3$		Cl_{I}^{Na}			
		Cl_{IIIa}^{Na}	$rCa < r(HCO_3 + SO_4) < r(Ca + Mg)$ oder $r(Na + Mg) > rCl > rNa$	IIIa	$Mg-Cl$
		Cl_{IIIb}^{Na}	$rCa > r(HCO_3 + SO_4)$ oder $rCl > r(Na + Mg)$	IIIb	$Ca-Cl$
			$rHCO_3 = 0$	IV	–

nahme der Gesamtmineralisation, von Na^+ und Cl^- sowie mit einer Abnahme von SO_4^{--}, HCO_3^- und Ca^{++} synchron, während Mg^{++} relativ gleichmäßig vertreten bleibt.

Eine beachtenswerte kombinierte Methode der hydrochemischen Typisierung demonstrierte KATSCHURA (1968, 1969) und an anderen Orten. Die Farbe dient in dieser Methodik der Ausweisung des Grundwassertyps

Tabelle 3

$Na + K$, Mg, Ca < 50%	$Na + K$ > 50%	Mg > 50%	Ca > 50%	
				$HCO_3 > 50\%$
				$50\% > HCO_3 > SO_4 > Cl$
				$50\% > SO_4 > HCO_3 > Cl$
				$SO_4 > 50\%$
				$50\% > SO_4 > Cl > HCO_3$
				$50\% > Cl > SO_4 > HCO_3$
				$Cl > 50\%$
				$50\% > Cl > HCO_3 > SO_4$
				$50\% > HCO_3 > Cl > SO_4$

(nach Hauptverteilung der Ionen), der Farbton bzw. das Farbraster zeigen die Gesamtmineralisation in fünf Stufen:

Farbton			Farbraster		
< 0,3	0,3 ··· 1	1 ··· 3	3 ··· 10	10 ··· 30	g/l

Die Typisierung wird nach Kriterien vorgenommen, die in Tab. 3 angeführt sind.

Ein Nachteil dieses Verfahrens ist, daß bei geringen Mineralisationen die mechanische Einhaltung der 50%-Grenzen die hydrochemische Typenverteilung verwischen kann. Ähnliches gilt auch für die Methode nach SCHUKAREW (1967).

Bei stark wechselnden Verhältnissen gelangen Mischsignaturen zur Anwendung. Die vertikale Zonalität wird an geeigneten Bohrungen durch Säulen angezeigt, indem Farben, Farbton und Farbraster wie bei der horizontalen Verteilung Verwendung finden und links die Stratigraphie in Indizes, rechts die Werte der Gesamtmineralisation angegeben werden.

Mineralwasseraufschlüsse gelangen punktförmig mit Angabe des Wassertyps (Farbe, Farbton usw.), des Gasgehalts und der Temperatur zur Darstellung.

4. Ausblick

Wenn man zu einer vorläufigen Wertung der in näherer Zukunft zur Anwendung kommenden hier im Überblick dargelegten Verfahren der hydrochemischen Typisierung und graphischen Dokumentation fortschreiten soll, dann bieten sich für die weitere Arbeit Methoden an, die auf SCHUKAREW (1967) und KATSCHURA (1970) aufbauen und auf jeden Fall auch die Gesamtmineralisation zeigen sollten. Zu ergänzen wären diese Darstellungen durch vertikale Schnitte.

Denkbar wäre ferner die Dokumentation nach obengenannten Verfahren im Sinne von Hauptkarten, während eine Verwendung der Prinzipien von WALJASCHKO (1966) oder JETEL (1970) sehr geeignet für ergänzende Darstellungen auf Nebenkarten erscheint. Zu bedenken ist auch, daß die gegenwärtig vorliegenden hydrochemischen Daten, auf größere Räume bezogen, günstiger im Sinne von SCHUKAREW (1967) und KATSCHURA (1970) aufzubereiten sind.

Zusammenfassung

Der Verfasser erläutert, ausgehend von Bemerkungen zur Süß-/Salzwasser-Grenze, einige Beispiele bisher durchgeführter Untersuchungen zur Verteilung, Typisierung und graphischen Dokumentation hydrochemischer Verhältnisse in genutzten Grundwasserleitern, die durch vorwiegend geringen Mineralisationsgrad gekennzeichnet sind. Von den aufgezeigten Typisierungsmöglichkeiten werden den Verfahren Vorzüge eingeräumt, die komplexen Charakter haben und sowohl den Hauptanteil an Ionen als auch die Gesamtmineralisation berücksichtigen.

Резюме

Исходя из замечаний к пресно-солёной водной границе автор описывает некоторые примеры проведённых исследований по распределению, типизации и графической документации гидрохимических условий в использованных грунтовых водах, характеризуемых преимущественно низкой степенью минерализации.

Из указанных возможностей типизации отдаётся предпочтение методам, которые носят комплексный характер и учитывают как основную часть ионов так и общую минерализацию.

Summary

Based on observations of the boundary between fresh water and salt water, the author discusses some examples of studies so far made on the distribution, typification and graphic documentation of hydrochemical conditions in exploited aquifers mainly characterized by a low degree of mineralization. From the possibilities submitted for typification advantages are attributed to the method, which have a complex character and take account of both the main part of ions and total mineralization.

Literatur

BEYWL, T., & H. GLANDER: Komplexe hydrogeologische Karte der DDR, Blatt Rüdersdorf 0809–4 1:50000. – In zwei Varianten. Herausg. zentr. geol. Inst., Berlin 1969.

DEECKE, W.: Geologie von Pommern. – Berlin 1907.

ERDELYI, M.: Cartographic representation of hydrogeological, geophysical and water quality data characteristic for the artesian resources of the country, as an aid to resources estimation. – Bcsćámolś (Bericht) VITUKI, Budapest 1965.

FURTAK, H., & H. R. LANGGUTH: Zur hydrochemischen Kennzeichnung von Grundwässern und Grundwassertypen mittels Kennzahlen. – Mem. Internat. Ass. Hydrogeol. (IAH), Kongreß 1965, VII, 89–96, Hannover 1967.

GEINITZ, E.: Geologie Mecklenburgs. – Rostock 1922.

GLANDER, H.: Beiträge zur gegenwärtigen Optimalvariante in der hydrogeologischen Spezialkartierung. – Z. angew. Geol., 14, 9, Berlin 1968.

– Komplexe hydrogeologische Kartierung und einige wasserwirtschaftliche Aspekte. – Wasserwirtschaft–Wassertechnik, 19, 5 (1969) [1969a].

– Hydrogeologische Kartierung in der DDR und ihre Aussage für die Regionalprognose nutzbaren Grundwassers. – Z. angew. Geol., 15, 11, Berlin 1969 [1969 b].

– Neuere Kenntnisse über erhöhte Mineralisationen im genutzten Grundwasserleiter innerhalb der Brandenburger Rupeltonprovinz. – Z. angew. Geol., 16, 3, Berlin 1970.

GLANDER, H., & T. BEYWL: Erläuterungen zur komplexen hydrogeologischen Karte der DDR 1:50000, Blatt Rüdersdorf 0809–4 (Mehrblattvariante). – Herausg. zentr. geol. Inst., Berlin 1969.

HEIN, E.: Über die Beschaffenheit des Grundwassers in der Deutschen Demokratischen Republik. – Wasserwirtschaft–Wassertechnik, 3, 8, S. 288 bis 291, Berlin 1953.

HOHL, R.: Zur Methodik der hydrogeologischen Spezialkartierung im Festgesteinsbereich. – Wiss. Z. Univ. Halle, XVIII, M, 6 (1969).

HUCKE, K.: Geologie von Brandenburg. – Stuttgart 1922.

JETEL, J.: Scheme of hydrogeochemical zoning in the Bohemian Cretaceous and Permocarboniferous. – Věstník Ústř. úst. geol., 45 (1970).

KATSCHURA, G.: The common features of the genesis of mineral waters in the NW part of the Bohemian massiv. – XXIII. Intern. Geological Congress, Vol. 17, Praha 1968.

KATSCHURA, G., u. a.: Thermal and mineral waters of Czechoslovakia. – XXIII. Intern. Geological Congress, Vol. 18, Praha 1969.

KOLAGO, C.: Metoda sporzadzania Przegladowej Mapy Hydrogeologicznej Polski. – Kwartalnik Geologiczny, tom. 6, nr. 2 (1962).

LÖHNERT, E.: Hydrochemische Zusammenhänge am Kontakt zwischen versalzenem Tiefenwasser und Süßwasser in Norddeutschland. – Int. Geol. Congr., Rep. 23 rd. Sess. Czechosl. 1968, Proc. Sympos. 2th, Prague 1968.

MICHEL, G.: Untersuchungen über die Tiefenlage der Grenze Süß-/Salzwasser im nördlichen Rheinland und anschließenden Teilen Westfalens, zugleich ein Beitrag zur Hydrogeologie und Hydrochemie des tiefen Grundwassers. – Forsch.-Ber. Nordrhein-Westfalen Nr. 1239, Köln–Opladen 1963.

NÖRING, F.: Fragen der Grundwasserchemie in Beziehung zu Oberfläche und Untergrund. – Z. dt. geol. Ges., Bd. 102, 123–128 (1950).

RONAI, A.: Mineralization of ground water. In: Geological map of the great Hungarian plain 1:100000 Szolnok. – Budapest 1969.

SCHUKAREW, S. A.: In: Handbuch des Hydrogeologen. – Gesamtredaktion W. M. MAKSIMOW, Leningrad 1967.

TICKELL, E. G.: A method for the graphical interpretation of water analysis. – Rept. of California State oil and gas supervisor., V. 6, p. 5–11 (1921).

WAGER, R.: Chemismus (Versalzung) des tieferen Grundwassers und seine Beziehungen zu den Oberflächengewässern. – Dt. gewässerkdl. Mitt., Sonderh., S. 31–33, Koblenz 1958.

WALJASCHKO, M. G.: Die Einheit der Naturwässer und einige Fragen ihrer Geochemie. – Vestnik moskowskowo univ., Geologija, Nr. 5 (1966).

ZIESCHANG, J.: Die hydrogeologische Kartierung 1:200000 im quartären Lockergesteinsbereich. – Wasserwirtschaft–Wassertechnik, 11, 8 (1961).

– Zur Verbreitung der Mineralwässer in der Deutschen Demokratischen Republik. – Z. angew. Geol., 14, 9, Berlin 1968 [1968 a].

– Zur Fertigstellung des hydrogeologischen Übersichtskartenwerks der DDR im Maßstab 1:200000. – Z. angew. Geol., 14, 10, Berlin 1968 [1968 b].

W. W. KOTLJAR, UdSSR

Grundlagen einer Theorie der Erzbildung

Referiert von WOLFGANG BEYER, Schneeberg

Gegenwärtig steigt die Anzahl neuer Untersuchungen, Ideen und Hypothesen sowie die Analyse eines riesigen geologischen Faktenbestands über die Lagerstätten mineralischer Rohstoffe und deren Verallgemeinerung national und international ungemein rasch an. Bei der Fülle wissenschaftlicher Informationen wird deshalb die Notwendigkeit einer Zusammenfassung dieser Daten in geschlossenen Werken, die einen gewissen Entwicklungsstand verkörpern, um so dringender. In der Sowjetunion war der erste Versuch in dieser Richtung das von Akademiemitglied W. I. SMIRNOW geschaffene Werk „Geologie der Lagerstätten mineralischer Rohstoffe" (1965), das unlängst, leider etwas spät, auch als deutsche Ausgabe und als Hochschullehrbuch vorgelegt wurde. Es umreißt in unterschiedlichem Maße sowohl den sowjetischen Stand auf dem Gebiet der Lagerstättenlehre als auch eigene Ergebnisse des Autors.

Bekanntlich erschien fast gleichzeitig das interessante Werk von ROUTHIER („Le gisements Metallifères", Paris 1963), das ebenfalls den Versuch zur Schaffung eines neuen Lehrbuchs über die Lagerstättenlehre auf neuer Grundlage darstellt, während das im gleichen Zeitraum publizierte Buch von PARK & Mac DIARMID (San Francisco and London 1964) dagegen nicht die neuesten Ergebnisse auf dem Gebiet der gegenwärtigen Theorie enthält und auf den Positionen von LINDGREN verharrt.

Das vorliegende Buch von Prof. Dr. KOTLJAR ist aus einer mehrjährigen Vorlesungstätigkeit am Moskauer Institut für Buntmetalle und Gold und dem Moskauer geologischen Erkundungsinstitut hervorgegangen. Es spiegelt die schnellen Fortschritte auf einigen Gebieten der Lagerstättenlehre wider, die seit dem Erscheinen des erwähnten Werkes von SMIRNOW auch in der UdSSR erreicht worden sind und daher dem deutschen Leser als dessen Ergänzung zu empfehlen ist. Obwohl nicht als umfangreiches wissenschaftliches Standardwerk konzipiert, wie etwa das Werk „Genesis endogener Erzlagerstätten" (Moskau 1968), sondern als Lehrbuch für Studenten, ist es für den Fachkollegen als Übersichtswerk durchaus lesenswert, da neuere sowjetische Vorstellungen und Meinungen von einem Geologen dargelegt werden, der sich speziell den vulkanogenen Lagerstätten verschrieben hat.

In 13 Kapiteln werden die geologischen Bildungsbedingungen magmatogener, sedimentogener und metamorphogener Lagerstätten betrachtet (geologische Lage, Beziehungen zum Magmatismus, Nebengesteine und ihre Veränderungen, Strukturen, Stoffbestand und Lagerung der Erze, physikochemische Bildungsbedingungen, Genese usw.), ohne dabei in die Beschreibung einzelner Lagerstätten zu verfallen. Einige allgemeine Fragen der Geochemie und Isotopenanalyse hinsichtlich ihrer Anwendung in der Lagerstättenlehre werden gestreift. Dabei kommen nicht nur geologische Daten zur Anwendung, sondern auch Ergebnisse der physikalischen Chemie, chemischen Thermodynamik, Kristallchemie, experimenteller Untersuchungen u. a..

Der Autor weist nicht nur auf die Unterschiede zwischen den genetischen Gruppen hin, sondern zeigt auch die Beziehungen zwischen ihnen sowie die Wechselverhältnisse zwischen Lagerstätten, die bis heute als einander völlig entgegengesetzt gelten, wie hydrothermale und exogen-infiltrative oder magmatogene und sedimentäre Lagerstätten. Besonders wird die Polygenität einiger Lagerstätten, speziell Kieserz-, Kupfer-Porphyr-, Eisenerz- u. a. Lagerstätten, vom Autor hervorgehoben.

Verlag „Nedra", 464 S., 162 Abb., 26 Tab., Moskau 1970 (russ.).

Im weiteren sollen einige Gesichtspunkte der vom Autor vorgeschlagenen Klassifikation der Lagerstätten (Tab.), insbesondere der hydrothermalen, referiert werden.

Ein unterscheidendes Merkmal gegenüber dem Werk von Smirnow ist die Einteilung der hydrothermalen Lagerstätten nach dem magmatischen Niveau und nach Erzformationen, d. h., auf höherer Erkenntnisebene wird hier eine Anlehnung an die bekannten Gliederungen von Niggli, Schneiderhöhn u. a. sichtbar. Aus diesem Grunde werden die postmagmatischen Lagerstätten in eine plutonogene und vulkanogene Lagerstättenserie geteilt. Die Formen des genetischen Zusammenhangs zwischen hydrothermalen Lagerstätten und dem Magmatismus und ähnliche Probleme behandelt der Autor deshalb unter dem gleichen Blickwinkel.

Den Ausgangspunkt einer ausführlichen Begründung dieser Trennung bilden theoretische Vorstellungen über den Magmatismus, und zwar besonders die zyklische Entwicklung der endogenen Prozesse in einer progressiven und regressiven Entwicklungslinie. In Abhängigkeit von der Wirkung tektonischer Kräfte innerhalb der Kruste erreichen die magmatischen Massen während der progressiven Etappen abyssische bis hypabyssische Teufen, dagegen unterliegen sie während der regressiven Etappen oberflächennahen Bedingungen. Petrogenese und endogene Erzbildung sind demzufolge von der Form des Magmatismus abhängig. Eine allgemeine Gesetzmäßigkeit des progressiv ablaufenden Magmatismus ist die Veränderung der Gesteinszusammensetzung von basisch zu sauer, wogegen der regressive Magmatismus eine Veränderung von sauren zu basischen Gesteinen aufweist. Je stärker die magmatischen Komplexe differenziert sind, desto intensiver treten die postmagmatischen Prozesse auf. Der vielfach zu beobachtende genetische Zusammenhang zwischen Magmatismus und Lagerstätten bedeutet nach dem Autor nicht immer, daß die Herkunft des Erzstoffs dem Magma zugeschrieben werden muß. Dieser Zusammenhang weist nur auf die engen Beziehungen zwischen Magmatismus und Vererzung.

Typisch für das vorliegende Buch ist die Betonung des Formationsbegriffs hinsichtlich der Untersuchung von Lagerstätten, d. h., es werden nicht nur sedimentäre und Erzformationen unterschieden, sondern auch magmatische, metasomatische, strukturell-geologische sowie Formationen der Teufe.

In dem erwähnten Buch von Smirnow (Berlin 1970) werden die postmagmatischen Lagerstätten in fünf Gruppen unterteilt, und zwar Greisen-, endothermale, telethermale, Kieserz- und subvulkanische Lagerstätten. In der 2. Auflage des Buches ist eine Veränderung der Klassifikation vorgenommen worden, die leider nicht in der deutschen Ausgabe berücksichtigt wurde. In dieser relativ einfachen, nach genetischen Gesichtspunkten aufgebauten Klassifikation sind die metasomatischen Veränderungen noch wenig berücksichtigt, während sie bei Kotljar das wichtigste Gliederungsprinzip darstellen. Die Klassifikation der Lagerstätten, bekanntlich ein „gordischer Knoten" in der Lagerstättenlehre, wird im Unterschied zu anderen Lehrbüchern vom einheitlichen Prinzip der metasomatischen Formationen aus betrachtet, die nach dem Autor am besten die wichtigsten genetischen Kennzeichen des Vererzungsprozesses wiedergeben (Temperatur, Druck, Nebenmilieu, Azidität — Alkalität, Veränderung thermodynamischer Faktoren usw.).

In den letzten Jahren hat in der Sowjetunion die Untersuchung der Nebengesteinsveränderungen um Erzkörper herum und die dabei auftretende metasomatische Zonalität zum Verständnis der erzbildenden Prozesse eine ständig zunehmende Beachtung erlangt und wird deshalb in der UdSSR in steigendem Maße zur Erklärung des hydrothermalen Prozesses und besonders als eines der wichtigsten Suchkriterien verwendet.

Bisher wurden die Nebengesteinsveränderungen auf die Charakteristik der metasomatischen Formationen oder einiger ihrer typischsten Faziesvertreter begrenzt (z. B. Vergreisung, Verskarnung, Albitisierung, Kaolinisierung). Inzwischen wurde klar, besonders durch die Arbeiten von Barsukow, Naumow u. a. in Uranerzlagerstätten, daß aus den gleichen Lösungen bei ähnlichen physikochemischen Bedingungen, aber in verschiedenen Gesteinen, nicht nur eine unterschiedliche Mineralisation der Gangspalten auftritt, sondern auch eine unterschiedliche metasomatische Veränderung. Eine noch größere Variabilität ist bei einer unterschiedlichen Zusammensetzung der Lösungen, Strukturlage und Durchlässigkeit der Gesteine sowie der Teufe des auftretenden magmatischen Herdes anzutreffen. Aus der Vielfalt hydrothermaler Veränderungen der Gesteine können Typensäulen herausgearbeitet werden, die metasomatischen Formationen entsprechen. Diese assoziieren mit bestimmten Gruppen von hydrothermalen Lagerstätten und können daher nicht nur zur Klassifikation der Metasomatite, sondern auch der damit zusammenhängenden postmagmatischen Lagerstätten verwendet werden.

Der Autor unterscheidet die folgenden metasomatischen Formationen:

1. Formationen erzführender Metasomatite des plutogenen (intrusiven) Magmatismus: 1 — Skarne, Hornfelse; 2 — Albitite; 3 — Greisen; 4 — Beresite und Listwenite; 5 — Dolomitisite.

2. Formationen von Metasomatiten des vulkanogen-intrusiven und subvulkanischen Magmatismus: 1 — Karbonatite; 2 — sekundäre Quarzite, Turmalinisite; 3 — Propylite, Serizitolithe; 4 — Argillitisite; 5 — Opalite (S. 194).

Diese Reihen verkörpern nach dem Autor den Charakter, die Tiefe und die Zusammensetzung der magmatischen „Mutter"-Komplexe. „Metasomatische Formation" nennt man typische Reihen metasomatischer Veränderungen von Gesteinen, die durch eine Anzahl einzelner metasomatischer Zonen gekennzeichnet sind und die charakteristischen Bedingungen des Auftretens innerhalb des postmagmatischen Prozesses widerspiegeln" (S. 195). Jede Formation besteht aus einer typischen und begleitenden Fazies, die der metasomatischen Zonalität entsprechen.

Ungeachtet der noch vorhandenen Mängel im Untersuchungsgrad der Nebengesteinsveränderungen gibt dieses Prinzip sogar bei dem jetzigen Stand eine breitere genetische Grundlage für eine Klassifikation der Lagerstätten, die nicht nur den allgemeinen physikochemischen Bildungsbedingungen entspricht, sondern auch den Chemismus und die Entwicklungsrichtung des Vererzungsprozesses andeutet und zudem die Möglichkeiten einer weiteren Vervollkommnung der Klassifikation offenläßt.

Auf dieser Basis werden die postmagmatischen Lagerstätten in die plutogene und vulkanogene Lagerstättenserie getrennt, die ihrerseits nach metasomatischen Formationen und schließlich Erzformationen untergliedert sind. Beide Lagerstättenserien bilden zwei Reihen, die durch die tiefvulkanischen Lagerstätten miteinander in Verbindung stehen. Unter den letzteren Lagerstätten treten Sn-, W-, Mo- u. a. Vorkommen auf, die mit sogenannten Durchbruchsröhren verbunden sind und bisweilen von hydrothermal veränderten Gesteinen begleitet werden. So ist es z. B. bei den Sn-Lagerstätten des Kleinen Chingans und der polymetallischen Lagerstätte Aktjus (Mittelasien), die oberflächlich gebildet wurden, aber von hier völlig untypischen Greisen begleitet sind.

Derartige Übergangslagerstätten ohne scharfe Grenzen der einzelnen Typen sind ja bekanntlich mehr verbreitet, als früher angenommen, und das Bemühen des Autors war aus diesem Grunde vielfach stärker auf die Berücksichtigung dieser gemischten Lagerstättentypen gerichtet. So werden auch oberflächennahe hydrothermale Lagerstätten erwähnt, die in exogene Infiltrationslagerstätten übergehen. Die oberflächennahen subvulkanischen Lagerstätten werden durch Mischung von Tiefenlösungen mit vadosen Wässern gebildet, was besonders in rezenten Vulkangebieten erkennbar ist. Nach der Erdoberfläche hin nimmt der Anteil vadoser Wässer zu. „Namentlich dieser Umstand, und nicht die Unproduktivität der vulkanischen Formationen rufen die Tatsache hervor, daß in rezenten Vulkangebieten keine großen wirtschaftlichen Lagerstätten beobachtet werden" (S. 212). Eine Reihe von Erzkomponenten mit einer hohen Beweglichkeit wird dagegen durch die Lösungen weggeführt und an der Erdoberfläche abgelagert, z. B. rezente Hg-Lagerstätten, Realgarvorkommen, gewisse Kupferkieslager usw.

In gewissen Fällen erweisen sich für die Bewegung erzführender Lösungen bei einer hohen Teilnahme atmosphärischer Wässer nicht nur tektonische und vulkanische Strukturen als günstig, sondern auch die nichttektonische Klüftung, Schichtung und Durchlässigkeit lithologisch günstiger Gesteine sowie alte Flußläufe, Karst und die Unebenheiten des alten Reliefs. Unter diesen Bedingungen entstehen Lager-

LAGERSTÄTTENKLASSIFIKATION NACH KOTLJAR (1970)

Magmatogene Lagerstätten

I. Magmatische Lagerstätten

A. frühmagmatische Lagerstätten
B. spätmagmatische Lagerstätten
C. liquidmagmatische Lagerstätten

Chromitformation*)	früh- — spätmagmatisch**)	Kempirsai/Südural***) Nishnij Tagil/Ural,
Platinformation	dito	Bushveld
Titanomagnetitformation	spätmagmatisch	Kusinskoe, Katschkanar, Wolkowskoe/Ural
diamanthaltige Formation	frühmagmatisch	Jakutien, Südafrika
Apatit-Magnetit-Formation	liquidmagmatisch	Kirunavaara/Schweden, Kaplantschai/UdSSR
Cu-Ni-Sulfid-Formation	liquidmagmatisch m. hydrotherm. Mineralisation	Talnach, Norilsk/UdSSR, Sudbury

II. Pegmatitlagerstätten

A. Pegmatite der Granitformation (Granitpegmatite)

Pegmatite der Seltenen Erden		Bancroft/Kanada
Muskovitpegmatite		
Pegmatite der seltenen Metalle		
Kristallpegmatite		

B. Pegmatite der Nephelin-Syenit-Formation (alkalische Pegmatite)

Niob-Seltene-Erden-Pegmatite
Zirkonpegmatite

III. Postmagmatische Lagerstätten

A. Plutogene postmagmatische Lagerstätten

a) Skarn- (kontakt-metasomatische) Lagerstätten

Boratformation	B, Fe****)	Chol-Gal/Japan
Magnetitformation	Fe, (Co)	Kustanaiskije-Sarbai, Kotschara, Daschkesan/UdSSR
Kupferformation	Cu	Turinsk/Ural
Molybdänit-Scheelit-Formation	Mo, W	Tyrinyauz/Kaukasus, Ljangar/Mittelasien
Blei-Zink-Formation	Pb, Zn	Tetjuche/Primorje
Uranformation	U, Lanthaniden	Mary Kathleen/Australien

b) Albititlagerstätten

kolumbitführ., albitisierte Granite (Apogranite)	Nb, Zr, Ta, F	Nigeria
Ta und Be führ. albitisierte u. vergreiste Granite	Ta, Nb, Li, Sn, W, F, Rb, Sc	Transbaikalien
albitisierte Nephelinsyenite mit Nb- u. Zr-Vererzung	Nb, Zr, Th	Ural
Albitit-Uran-Formation	U, Fe, Zr, P	China, UdSSR

b) subvulkanische Lagerstätten

1. serizitolithisch-propylitische Lagerstätten

Kupferkiesformation	Cu, Fe, S, (Zn, Pb, Au, Ba, Se, Te)	Südural, Kleiner Kaukasus, Rio Tinto/Spanien
Schwefelkiesformation	Fe, S	Tschiragidsor/Aserbaidshan, Tandsut/Armenien
Kieserz-polymetall. Formation	Zn, Pb, Cu, S, Fe, Au, Ag, (Cd, Se, Te)	Erzaltai, Tuwa/UdSSR
Barytformation	Ba, S	Tschowdar/Aserbaidshan, Kutaisk/Grusinien
Kupfer-Zeolith-Formation	Cu, (As)	Oberer See/USA
Gold-Silber-Formation	Au, Ag, Te, Se	Kamtschatka, Cripple Creek/USA

2. serizitolithisch-argillitische Lagerstätten

Fluorit-Bertrandit-Formation	Fe, Ba	Ostsibirien, Mexiko, Thomas Range/USA
Sulfid-Kassiterit-Formation	Sn, Pb, Zn, Cu	Lifudsin, Chrustalnoe, Deputatskoe/Primorje
polymetallische Ag-reiche Formation (mexikan. Typ)	Pb, Zn, Ag	Pachuca/Mexiko
Tennantit-Enargit-Formation	Cu, As, (Pb, Zn)	Butte/USA, Cerro de Pasco/Chile
Antimon-Wolfram-Formation	W, Sb, Hg	Sopchito/Grusinien, Barun-Schewija/Transbaikalien, Athol/USA
Molybdänit-Pechblende-Formation	Mo, U, (As)	Marysville/USA, China

c) vulkanische Geysir-Opalit-Lagerstätten

Quecksilberformation		Monte Amiata/Italien, Sulphur Bank/USA
Arsen-Realgar-Formation		Dshulfa/UdSSR, Kagizman/Türkei
Zinn-Rhyolith-Formation		Mexiko
Boratformation		Toskana/Italien
Formation gedieg. Schwefels		Matsuo, Horobets/Japan, Copiapo/Chile, Gjumjur/Armenien

Exogene Lagerstätten

I. Lagerstätten der hypergenetischen Zone

A. Oxydations- und Zementationszone	
B. Infiltrationslagerstätten	Colorado

II. Sedimentäre Lagerstätten

a) Seifenlagerstätten
deluviale Seifen
proluviale Seifen
alluviale Seifen
Deltaseifen
marine Strandseifen

b) chemogene und biogene Lagerstätten humider und arider Zonen

Kohlen	humid*)	
Bauxite	humid, bes. tropisch u. subtropisch	Nordural

c) Greisenlagerstätten

Quarz-Kassiterit-Formation	Sn, (Bi, W), B, F	UdSSR, China, Burma
Quarz-Wolframit-Formation	W, (Bi, Sn), B, F	Transbaikalien, Tsiansi/China
Quarz-Molybdänit-Formation	Mo, (W)	Ost-Kounrad/Kasachstan, Paragatschai/Aserbaidshan
W-Mo-Sn-Be-Formation	W, Mo, Sn, Be, Li, F	östl. Sibirien, Kasachstan

d) beresitische und listwenitische Lagerstätten

Gold-Sulfid-Formation	Au, Fe, Pb, Zn, Cu	Beresowskije/Ural, Primorje
polymetallische Formation	Pb, Zn, Cu, Au, Ag, As, Sb, Cd	Freiberg/DDR, Mother Lode/USA
Kupfer-Molybdän-Formation	Mo, Cu, (Re)	Kadsharan, Agarak/UdSSR
Pechblende-Karbonat-Formation	U	Erzgebirge/DDR, ČSSR, Zentralfranz. Massiv
Ag-Co-Ni-Bi-U-Formation	U, Co, Ni, Bi, Ag, (Cu)	Erzgebirge/DDR, ČSSR, Gr. Bärensee/Kanada

e) telethermale Lagerstätten (verquarzte — dolomitisierte)

Blei-Zink-Formation in Karbonatgesteinen	Pb, Zn	Karatau/Mittelasien, Mississippi—Missouri/USA
Formation d. Kupfersandsteine	Cu, (Zn, Pb), Re	Dsheskasgan/Kasachstan, Kongo-Khinhasa, Sambia
Sideritformation	Fe, (Ag, Pb, Zn)	Südural, Westdeutschland
Quecksilberformation	Hg, Sb, (As, S)	Nikitowka/Ukraine, Chaidarkan/Mittelasien, Almaden/Spanien
Antimonformation	Sb, (As)	Kadamshai/Mittelasien, Si-Huan-Schan/China

B. Vulkanogene postmagmatische Lagerstätten

a) tiefvulkanische Lagerstätten

1. Karbonatitlagerstätten

Hatchettolith-Pyrochlor-Formation	Nb, Ta, P, (U, Th, Zr)	Sibirien
seltenerdmetallige Columbit-Bastnäsit-Formation	Ce, Nb, (Th, Mo, Cu)	Mryma/Kenia, Nkumba Hill/Sambia
Titanomagnetitformation	Ti, Fe, (Ce, Nb, Ta)	östl. Sibirien
Apatit-Magnetit-Formation	Fe, P, (Nb, Ta, U, Zr)	Kolahalbinsel/UdSSR, Uganda
Phlogopitformation	P	Kolahalbinsel/UdSSR, Odichintscha/Sibirien

2. Skapolith-Skarnoid-Lagerstätten

Eisenerzlagerstätten vom Angara-Ilim-Typ/Sibirien
polymetallische Lagerstätte Trepca/Jugoslawien

3. Lagerstätten sekundärer Quarzite und Turmalinite

„porphyrische" Mo- und Cu-Mo-Formation	Mo, Cu, (Au)	Sorskoe/Sibirien, Kounrad/Kasachstan, Climax/USA
Kupfer-Turmalin-Formation	Cu, Mo, (B)	Braden/Chile, Cactus/USA
seltenmetallisch-polymetallische Formation	Pb, Zn, Th, Be, (Mo, Sn)	Mittelasien
Zinnerzformation	Sn, Pb, Zn	Kleiner Chingan/UdSSR

*) Erzformation
**) genetischer Typ
***) Beispiele von Lagerstätten
****) geochemische Assoziationen

Eisenerze	humid	Lipezk, Kertsch, Turgai/UdSSR
Manganerze	humid	Tschiaturi, Nikopol/UdSSR
Salze und Gips	arid	Solikamsk, Belorußland
Kupfererze	arid	westl. Vorural, Udokan/UdSSR, Polen
Phosphorite	arid	Karatau/UdSSR, Marokko
Vanadiumlagerstätten	arid	Colorado/USA, Schweden
Uranlagerstätten	arid	
(humide Zone-Triade Al_2O_3-Fe_2O_3-MnO nach STRACHOW)		

c) vulkanogen-sedimentäre Lagerstätten

Eisenerze		Lahn—Dill/Westdeutschland, Harz, Jugoslawien
Bauxite		Jamaika, Haiti, Ural, Salair/UdSSR
Sulfide (submarin)		Kupferkieslagerstätten Urup und Chudes/Nordkaukasus; Pb-Zn-Ba-Lagerstätten vom Atasuisker Typ/Kasachstan; kieselig-hämatit. und Fe-Mn-Lager
Manganerze	vulkanogen-kieselig kalkig-dolomitisch	Südural, westl. Sibirien, Appalachen

Metamorphogene Lagerstätten

I. Metamorphosierte Lagerstätten

A. Regionalmetamorphosierte Lagerstätten

B. Lagerstätten, die durch die Einwirkung magmatischer Erscheinungen und von Wärmeströmen entstanden sind

		Kriwoi Rog, Oberer See, Indien
		Mina Ragra/Peru, Broken Hill/Australien
Formation der Eisenquarzite	Fe	Kriwoi Rog, Oberer See
Manganerzformation	Mn	Indien, Kasachstan
Formation alter metallhaltiger Konglomerate	Au, U, (Ti, Th, Lanthaniden)	Witwatersrand/S-Afrika, Blind River/Kanada
Formation der Blei-Zink-Lagerstätten	Pb, Zn, Cu	Broken Hill, Mount Isa/Australien, Sullivan/Kanada
Kupfererzformation	Cu, Zn, (Ni)	Singhbum/Indien
Graphitformation		Ukraine, Kureisk/Krasnojarsker Krai

II. Metamorphe Lagerstätten

Eisenerzformation		Südjakutien
Cyanitformation		Lata Boru/Indien
Titanitformation		
Uranformation (?)		

*) klimatische Bedingungen

stätten, die von exogenen Infiltrationslagerstätten durch ihre erhöhten Bildungstemperaturen unterscheidbar sind. Derartige Lagerstätten, deren Genese von den Geologen sowohl als „hydrothermal" wie auch als „exogen" gedeutet wird, zeigen Merkmale des hydrothermalen Prozesses (hydrothermale Veränderung der Nebengesteine, Verbindung mit Vulkaniten, typische Mineralassoziationen u. dgl.) und des exogen-infiltrativen Prozesses (Anpassung der Vererzung an alte Flußläufe, Merkmale der Schichtoxydation[1]), Lagerungsbedingungen, Anwesenheit solcher Elemente wie V, P usw.). Beispiele derartiger Lagerstätten bilden Erzvorkommen der U-V-Formation, einige Lagerstätten der U-As-Formation und noch andere.

Ein anderer Typ von Übergangslagerstätten wird vom Autor gleichfalls hervorgehoben, und zwar die submarinen vulkanogen-sedimentären Lagerstätten, die ja bereits auch von SCHNEIDERHÖHN, LEHMANN, RÖSLER, SMIRNOW, DSOZENIDSE u. a. beschrieben wurden. Als Beispiele derartiger Lagerstätten werden das Lahn—Dill-Gebiet, die Kieserzlagerstätte Atasu (Kasachstan), die in Japan weitverbreiteten „Schwarzerze" vom Typ Kuromono und andere angegeben. Unverständlich bleibt allerdings, weshalb der Autor diese Lagerstätten zu den sedimentären Lagerstätten rechnet.

Zum kompliziertesten Problem der Entstehung von Erzlagerstätten, der Herkunft des Erzstoffs, bezieht der Autor folgende Position. Aus dem vorhergehenden wird klar, daß der Autor zu den sogenannten „Hydrothermalisten" gehört. Jedoch ist er der Meinung, daß durchaus die Möglichkeit einer unterschiedlichen Herkunft des Erzstoffs nicht nur verschiedener Typen von Erzlagerstätten, sondern auch einer einzelnen Lagerstätte besteht. Als mögliche Erzquellen werden angeführt: Tiefenmagma primär subkrustaler Herde oder Tiefenlösungen, sialische Magmen, Mobilisierung des Erzstoffs durch Tiefenlösungen aus Gesteinen des Fundaments, mit Erzkomponenten angereicherte Nebengesteine und reliktische Lösungen metamorpher und atmosphärischer Entstehung, die mit juvenilen Lösungen gemischt werden. Dabei können entweder alle Komponenten (TUGARINOW u. a.), nur die Komponenten der Gangminerale (S. S. SMIRNOW) oder, außer den Komponenten der Gangminerale, ein Teil der Erzkomponenten (Kriwoi Rog) aus den Nebengesteinen entlehnt sein.

Die exogenen und metamorphogenen Lagerstätten werden gleichfalls unter Einbeziehung neuerer Unterlagen betrachtet. Dabei wird besonders die Bedeutung der Infiltrationslagerstätten, der Schichtoxydation und der Paläohydrogeologie für die Entwicklung entsprechender Lagerstätten betont. Zum Schluß werden im vorliegenden Buch die Fragen der regionalen Metallogenie, der Metallogenie der Erzgebiete, ihre exogenen und endogenen Typen und die Anfertigung metallogenetischer und prognostischer Karten angeschnitten.

Interessant ist die Meinung des Autors zur Geochemie, die in seinem Buch einen gebührenden Platz einnimmt. Die Geochemie muß einmal alle Gebiete der erzbildenden Prozesse durchdringen, und zum anderen sollen die Geochemie und die Geophysik der Geologie helfen und nicht umgekehrt. „Jeder Geologe, der Lagerstätten mineralischer Rohstoffe untersucht und besonders Erzlagerstätten, muß die gegenwärtigen Methoden der Geochemie kennen" (S. 458). Dieser Meinung des Autors schließt sich der Referent voll an; denn in dieser Hinsicht gibt es auch in unserer Republik noch einiges nachzuholen.

Der Autor selbst ist der Meinung, daß sein Buch nicht vollkommen sein kann. Auf den Leser wirkt es jedoch wohltuend, wenn er keine vorgefaßten Meinungen vorgestellt bekommt, sondern bei unklaren oder noch nicht gelösten Problemen der Lagerstättenlehre erfährt, welche Ansichten und Hypothesen bestehen, welche Entwicklung sie genommen haben, welche Stellung der Autor selbst bezieht und welche noch offenen Fragen auf dem Gebiet der Erzbildung bestehen. Dieses klug gewählte Vorgehen, das viele sowjetische Fachbücher auszeichnet, öffnet dem Leser den Weg zum Verstehen der einzelnen Entwicklungsphasen bei der Erkenntnis lagerstättenbildender Prozesse.

[1]) Unter Schichtoxydation wird die Veränderung und Oxydation bestimmter Horizonte eines Sedimentpakets infolge eindringender Wässer verstanden.

Geschiebestatistische Auszählergebnisse aus Bohrproben Nordostmecklenburgs

KLAUS GROTH, Schwerin

Die Gliederung der pleistozänen Ablagerungen fußt insbesondere auf den in den interglazialen Schichtserien gefundenen organischen Resten. In der Masse der anstehenden sowie der in den zahlreichen Bohrungen zutage geförderten pleistozänen Ablagerungen sind jedoch solche Funde sehr selten und erfolgen zumeist zufällig. So erfolgten bereits zahlreiche Versuche, die Ablagerungen mit Hilfe sedimentpetrographischer Untersuchungsmethoden zu gliedern und möglichst auch stratigraphisch einzustufen. Eine der verbreitetsten Methoden ist die Gesteinsauslese nach der sogenannten dänischen Methode. Im Bereich des norddeutschen Pleistozäns wurde sie erstmals von K. RICHTER (1933) und G. MÜNNICH (1936) erprobt. Weitere Auszählergebnisse teilte rund 30 Jahre später A. LUDWIG (1964) mit. Auf die umfangreichen jüngeren Arbeiten im pleistozänen Randbereich im südlichen Teil der DDR soll hier nicht näher eingegangen werden.

Für die angewandte Geologie ist jedoch eine Gliederung der erbohrten pleistozänen Ablagerungen von Bedeutung. So wurden in den letzten zehn Jahren auch zahlreiche Bohrproben geschiebestatistisch analysiert. Aus dem mecklenburgisch-brandenburgischen Pleistozän berichteten insbesondere A. G. CEPEK (1962, 1964) und M. HANNEMANN (1965, 1966) über ihre gewonnenen Erfahrungen und Ergebnisse.

Unabhängig von diesen Arbeiten wurden auch vom Verf. zahlreiche aus dem Bohrgut entnommene Proben geschlämmt und die Geschiebe nach der leicht veränderten dänischen Steinzählungsmethode ausgelesen. Die Veränderung bezieht sich auf die Herabsetzung der Mindestkorngröße auf 4 mm im Durchmesser (4-mm-Maschensieb). Ausgelesen wurden die gleichen Gesteinsgruppen: Feuerstein (F), Kreidekalk (Kd), Kristallin (Kr), paläozoischer Kalkstein (K), Sandstein + Quarzit (S), paläozoischer Schiefer (Sf) und sonstige Geschiebe (tertiäre und mesozoische Geschiebe wie Xylite, Wallsteine, FeS_2-Bildungen u. ä.).

Beim Auslesen der geschlämmten Pleistozän-Proben ging es Verf. nicht unmittelbar um die stratigraphische Einstufung der pleistozänen Schichten. Das Hauptaugenmerk lag auf der Beantwortung der Frage, ob die Geschiebestatistik als Hilfsmethode in der Gliederung und Konnektierung der in den Bohrungen angetroffenen

Eingang des Manuskripts in der Redaktion: 27. 11. 1970.

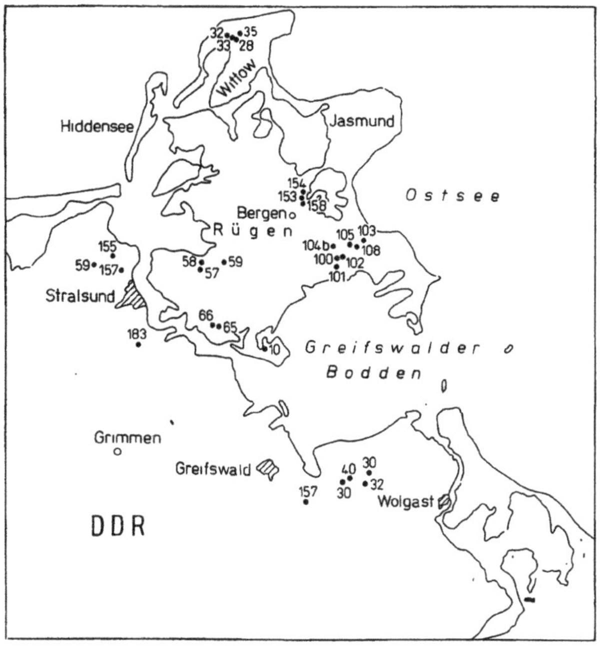

Abb. 1. Übersichtskarte zur Lage der Bohrpunkte
(Die Zahlen entsprechen den Archiv-Nummern des GFE Halle, Arbeitsstelle Schwerin.)

und äußerlich zumeist gleichförmigen pleistozänen Sedimente zur Darstellung der Lagerungsverhältnisse Verwendung finden kann. Insbesondere erscheint dieses Problem bei der Beurteilung der hydrogeologischen und hydrodynamischen Verhältnisse von Wichtigkeit, wo es zunächst gilt, ruhig gelagerte Gebiete von glazidynamisch stark bewegten Gebieten zu unterscheiden bzw. eine geologische Begründung für das Auskeilen der wasserführenden Horizonte zu finden.

Möglichkeiten, dieser Frage nachzugehen, boten sich für den Nordosten Mecklenburgs Anfang der sechziger Jahre im Rahmen eines umfangreichen Bohrprogramms zur hydrogeologischen Kartierung des Raums. Vom Verf. wurden etwa 200 Proben aus 24 Bohrungen untersucht.

Die Lage der Bohrungen ist Abb. 1 zu entnehmen. Aus der Karte wird ersichtlich, daß sich die Bohrungen zu regionalen Gruppen zusammenfassen lassen. Damit sind auch die Voraussetzungen gegeben, auf relativ engem Raume die Lagerungsverhältnisse einzuschätzen.

Modus der Auswertung

In der statistischen Auswertung der Ergebnisse der Gesteinsauszählung werden unterschiedliche und in der Literatur bisher nicht einheitliche Methoden verwendet. Die gebräuchlichste ist die Bildung von Quotienten, in denen zwei Gesteinsgruppen miteinander in Beziehung stehen. Am bekanntesten und verbreitetsten ist der Flintkoeffizient (Verhältnis Kreide + Flint zu Kristallin). Die Einschätzung der Bedeutung der anderen Gesteinsgruppen wechselt dagegen. Die Ursache liegt weitgehend darin begründet, daß neben der gesuchten vertikalen Veränderung des Geschiebebestands auch horizontal eine Veränderung des Geschiebebestands erfolgt, die einmal mit der natürlichen, von der Länge des Weges abhängigen Aufbereitung der Geschiebe zusammenhängt, zum anderen aber auch durch die ständige Neuaufnahme von Material aus älteren Moränen als auch aus den präquartären Ablagerungen bedingt ist. In der statistischen Auswertung und insbesondere in der regionalgeologischen Beurteilung ist daher der Auswertungsmodus den regionalen Verhältnissen möglichst anzupassen. So tragen die Flinte und Schreibkreidegeschiebe in Nordostmecklenburg weitgehend den Charakter von Lokalgeschieben und wechseln infolgedessen auch sehr stark in ihren Anteilen. Nach S zu sind sie dagegen mehr und mehr als relativ fester und wertmäßig stabiler Bestand der Grundmoräne zu betrachten.

Aus diesem Grunde wurden vom Verf. in der statistischen Auswertung der Auszählungen die einzelnen Gesteinsgruppen zunächst in zwei Hauptgruppen eingeordnet; die erste Hauptgruppe umfaßt die als Grundbestand der Moräne zu bewertenden Geschiebe, die zweite die Lokalgeschiebe. Für Nordostmecklenburg ergibt sich daraus folgende Einteilung:

1. Hauptgruppe: Kristalline Geschiebe, (paläozoische) Kalke, Sandsteine und Quarzite, (paläozoische) Schiefer;
2. Hauptgruppe: Flinte, Kreidekalk.

Die Gesteinsgruppe der sonstigen Geschiebe hat mit zumeist weniger als 1—2% Anteil statistisch keine Bedeutung.

In der weiteren Auswertung wird vom Verf. auf eine Quotientenbildung verzichtet. Die Darstellung der Ergebnisse erfolgt dagegen graphisch in Gestalt histogrammartiger Kurven, denen das Bohrprofil zugrunde liegt. Auf der linken Seite des Bohrprofils ist die Kurve des Anteils der Kreide-Lokalgeschiebe aufgezeichnet, die Kurven der rechten Seite bringen die Veränderlichkeit der Gesteinsgruppen der ersten Hauptgruppe zum Ausdruck. Hierbei ist die erste Hauptgruppe durch Eliminierung der Lokalgeschiebe auf 100% gesetzt worden.

Das geschiebestatistische Leitdiagramm von Jasmund (Rügen)

Für Jasmund und Arkona wiesen bereits K. RICHTER (1933), G. MÜNNICH (1936) und V. HINTZE (1937) auf die unterschiedliche Gesteinsführung der drei Hauptmoränen und auf die Gleichförmigkeit innerhalb der Moränenbänke hin. Diese Ergebnisse fand auch A. LUDWIG (1964) im wesentlichen bestätigt. Zu den bekannten Werten stellte er jedoch auch abweichende Werte fest, die ihn zu einer weiteren Aufgliederung der auf Jasmund und Arkona anstehenden pleistozänen Ablagerungen zwangen. Auf Grund unterschiedlicher Geschiebeführung unterteilte er an verschiedenen Aufschlüssen den M_2-Geschiebemergel in einen M_2- und einen $M_{2\beta}$-Mergel (z. B. Streifen 5 im Saßnitzer Kliff und nördlich Goor auf Arkona). Stark abweichende Werte erhielt er auch aus der M_1-Moräne, ohne deren Gründe jedoch näher zu erläutern.

Vor Beginn einer Auswertung der aus den Bohrproben stammenden Geschiebezählungen war also zunächst erforderlich, die von LUDWIG aufgezeigten Abweichungen zu klären und festzustellen, ob es sich hierbei um zufällige oder abhängige Veränderlichkeiten handelte.

Gleichzeitig galt es, ein Leitdiagramm aufzustellen, das sowohl die Mittelwerte als auch die Streuungen erfaßte. Hierzu wurden vom Verf. nochmals etwa 65 Proben aus den Übertageaufschlüssen von Jasmund entnommen und die Ergebnisse mit denen der älteren Autoren verglichen. Abb. 2 zeigt graphisch eine Gegenüberstellung der Werte LUDWIGS mit denen des Verf. Sie zeigt eine weitgehende Übereinstimmung der Ergebnisse (Verf. dankt Herrn Dr. habil. A. LUDWIG für die freundliche Bereitstellung der nichtveröffentlichten vollständigen Auszählungsergebnisse).

Abb. 2 läßt vom Liegenden zum Hangenden fünf Geschiebegemeinschaften erkennen. Sie zeigen folgende Charakteristik:

1. Geschiebegemeinschaft: M_{1u}-Moräne

Gelegentlich im Basisbereich der M_1-Moräne anzutreffen. In der Ausbildung des Geschiebemergels kein Unterschied gegenüber der M_{1o}-Moräne zu beobachten

F + Kd: 10—25%

Kr $\geq$ 50%, K < 40%, Sf: 1—4% (sehr gering)

2. Geschiebegemeinschaft: M_{1o}-Moräne (normale M_1-Moräne)

Den Hauptteil der M_1-Moräne bildend, schwach sandiger bis toniger Geschiebemergel, geschiebereich

F + Kd: 0—3%, jedoch überwiegend fehlend, in Einzelproben unmittelbar über dem Liegenden auch ausnahmsweise bis zu 13%

Kr: 20—40%, K: 45—70%, Sf: 3—15%

3. Geschiebegemeinschaft: M_2-Moräne

Auf Jasmund und Arkona zumeist als stark toniger und sehr geschiebearmer Geschiebemergel vorliegend

F + Kd: 0—5%

Kr: 20—45%, K: 25—45%, Sf > 15 (— fast 40%)

4. Geschiebegemeinschaft: M_{3u}-Moräne

Vereinzelt als sandiger bis schwach sandiger, geschiebereicher Geschiebemergel im unmittelbaren Hangenden der M_2-Moräne angetroffen ($M_{2\beta}$-Moräne A. LUDWIGS 1964). Auf Grund der der M_3-Moräne gleichenden Geschiebegemeinschaft (lediglich geringer bis fehlender Flintanteil) als Oszillationsmoräne des M_3-Eises gedeutet

F + Kd: 0—2%

Kr: 45—60%, K: 25—45%, Sf: 3—7%

5. Geschiebegemeinschaft: M_3-Moräne

Verbreitetster, die Oberfläche bildender Geschiebemergel, stark schwankend in der Ausbildung, zumeist jedoch schwach sandig bis sandig, geschiebereich

F + Kd: stark schwankend, z. T. auch lokalmoränenartig auftretend

Kr: 30—50%, K: 30—50%, Sf: 5—15%

Für Vergleiche mit unbekannten Bohrprofilen erscheint die Geschiebegemeinschaft der M_2-Moräne mit ihrem charakteristisch hohen Tonschiefergehalt am geeignetsten. Sie trägt damit den Charakter einer Leitgeschiebegemeinschaft. Leitende Bedeutung, jedoch mit Einschränkung, besitzt auch die im Liegenden befindliche M_{1o}-Geschiebegemeinschaft mit ihren extrem hohen Kalksteinwerten, die sich aber mit denen der M_3-Moräne überschneiden können.

Hier ist bereits das gesamte Histogramm auszuwerten. Eine große Ähnlichkeit weisen jedoch die Werte der 1. Geschiebegemeinschaft aus dem Basisbereich der M_1-Moräne mit der der M_2-Moräne auf. Hier ist eine Zuordnung nur aus den Lagerungsverhältnissen heraus und in Verbindung mit den weiteren Leitgeschiebegemeinschaften möglich.

Auswertung der Ergebnisse der Steinzählungen aus den Bohrproben

Bohrgruppe auf Wittow (Rügen)

Die Oberfläche der Halbinsel Wittow, im NW der Insel Rügen gelegen, stellt eine flachwellige Grundmoränenebene dar. An ihrem nördlichen Ufer liegen

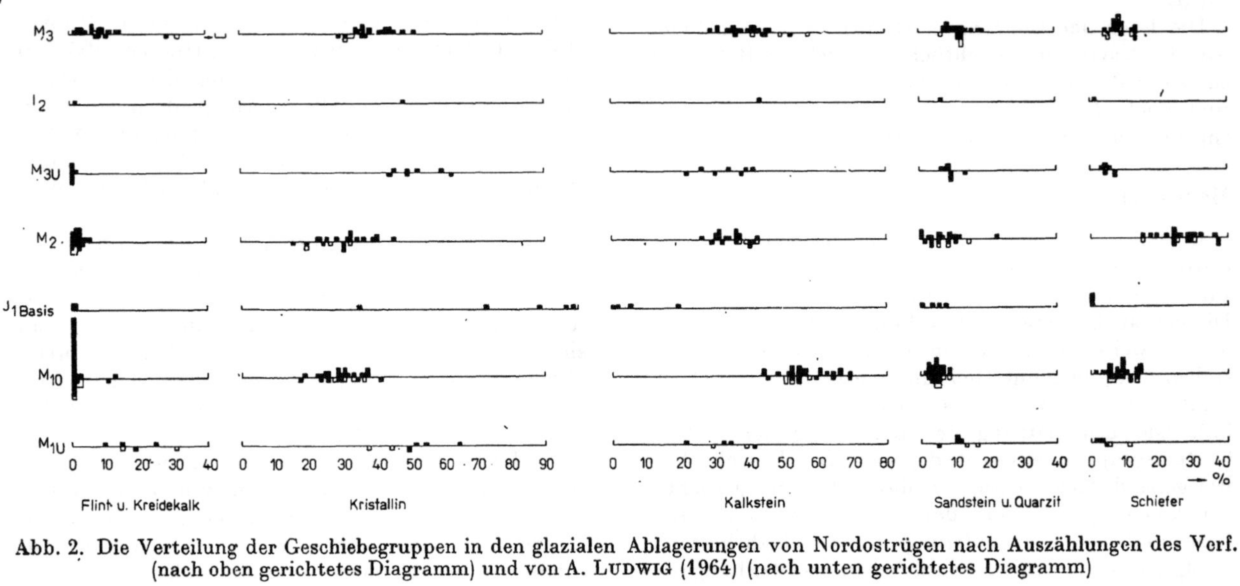

Abb. 2. Die Verteilung der Geschiebegruppen in den glazialen Ablagerungen von Nordostrügen nach Auszählungen des Verf. (nach oben gerichtetes Diagramm) und von A. LUDWIG (1964) (nach unten gerichtetes Diagramm)

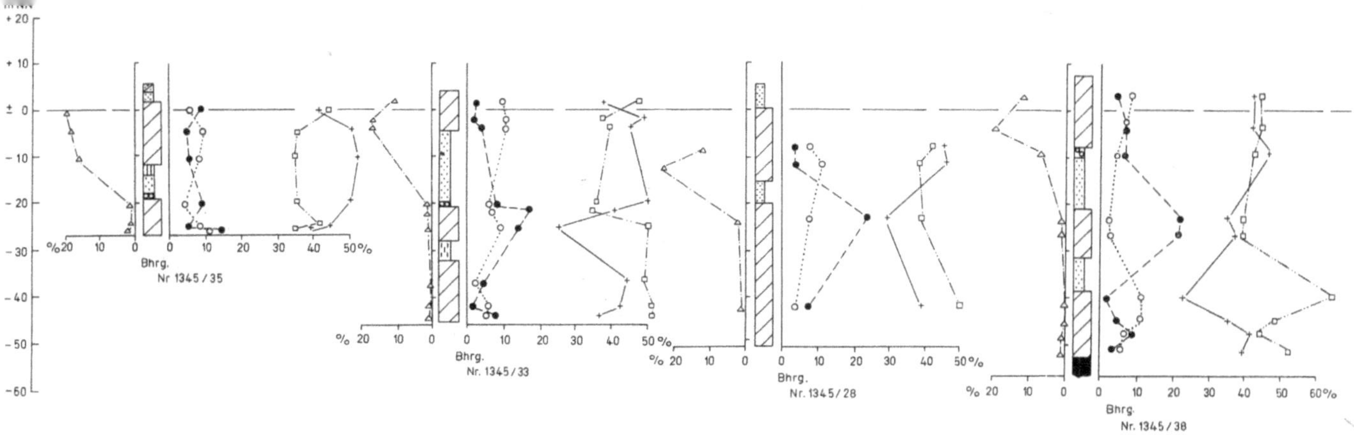

Abb. 3. Histogramme der Geschiebezählungen zu den Bohrungen auf Wittow (Rügen)
(Legende siehe Abb. 4)

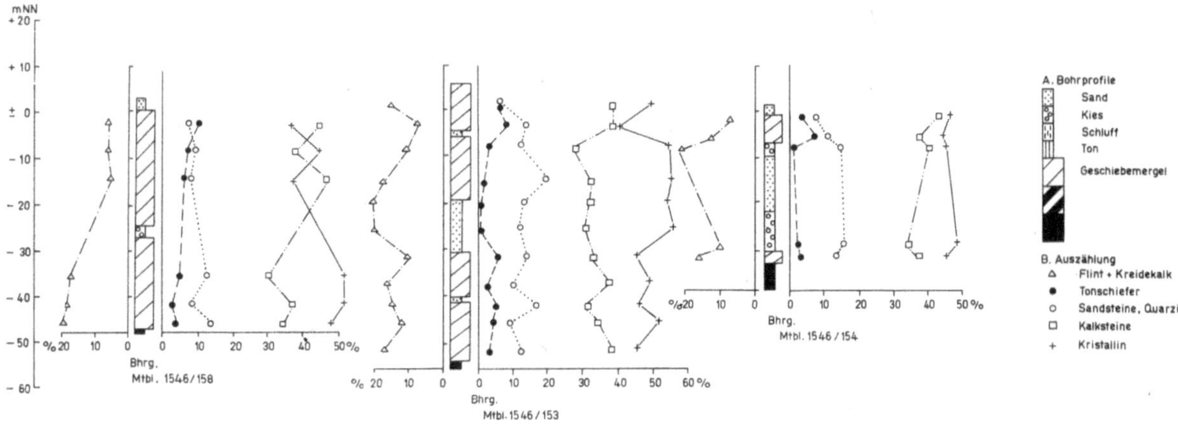

Abb. 4. Histogramme der Geschiebezählungen zu den Bohrungen nördlich Bergen

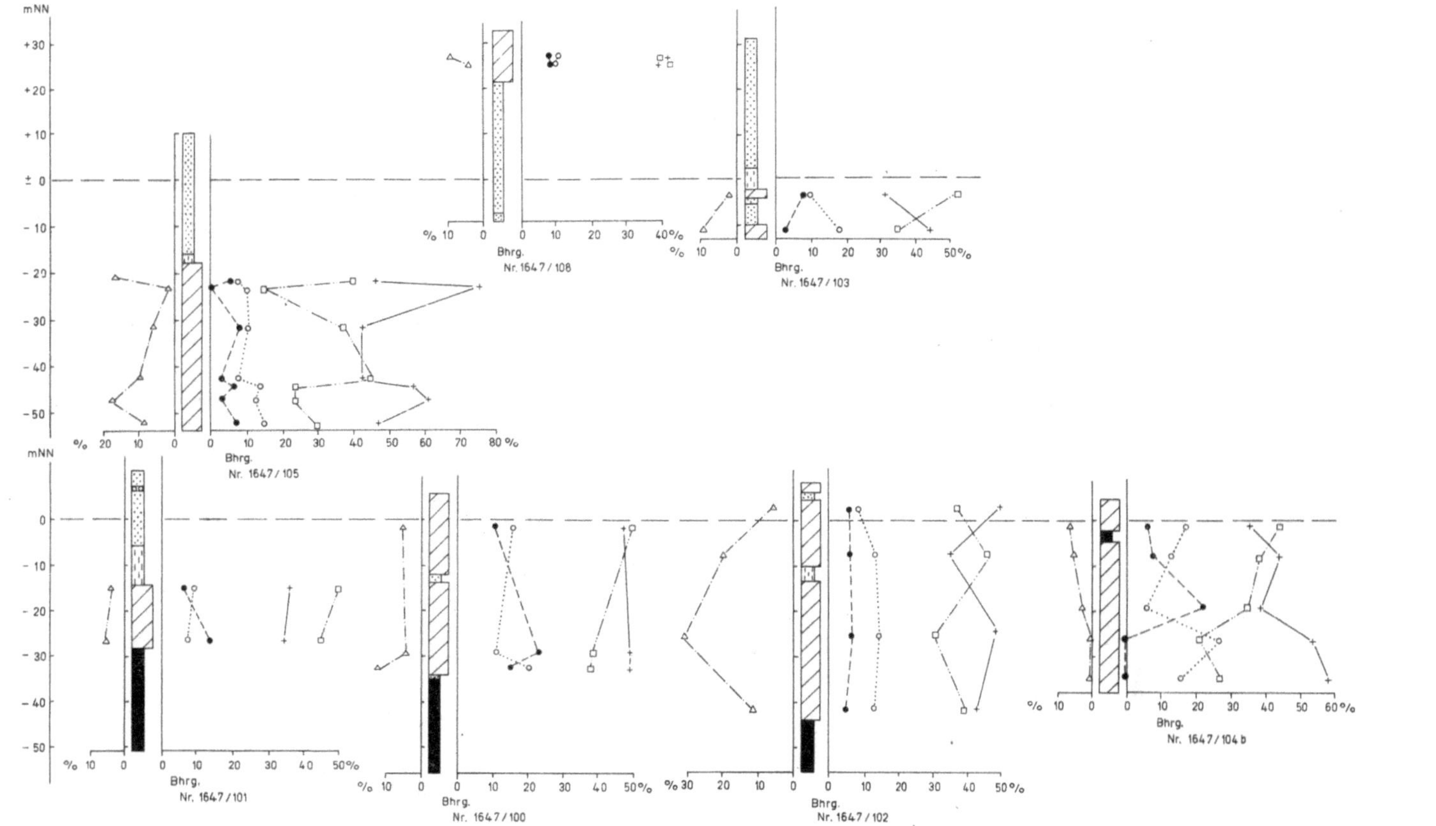

Abb. 5. Histogramme der Geschiebezählungen zu den Bohrungen südöstlich Bergen
(Legende siehe Abb. 4)

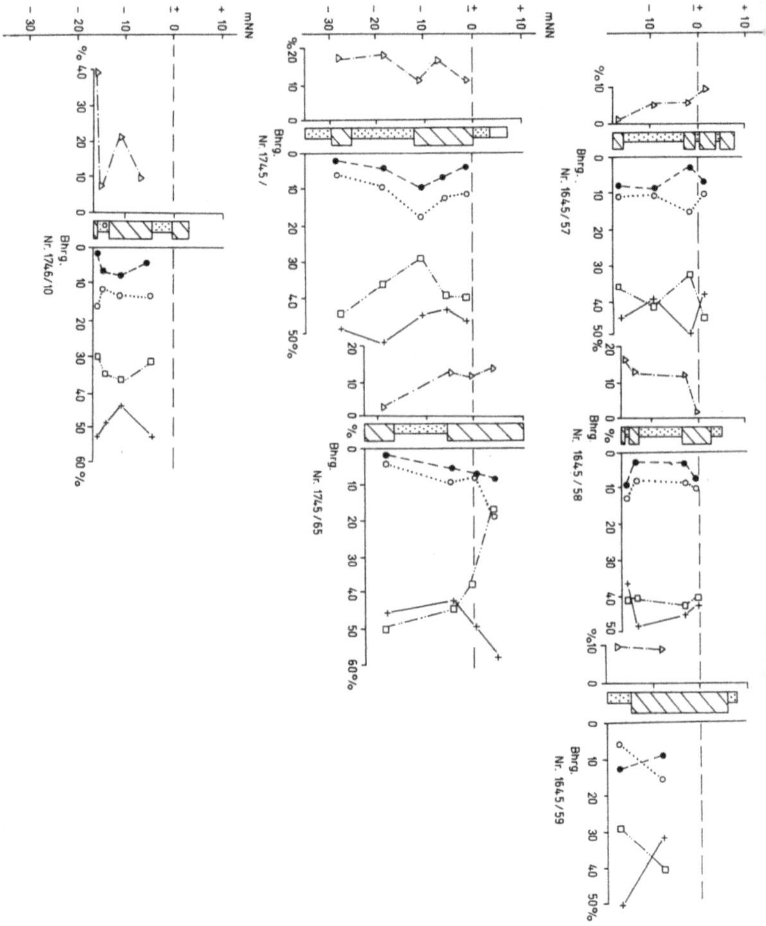

Abb. 6. Histogramme der Geschiebezählungen zu den Bohrungen in Südwestrügen
(Legende siehe Abb. 4)

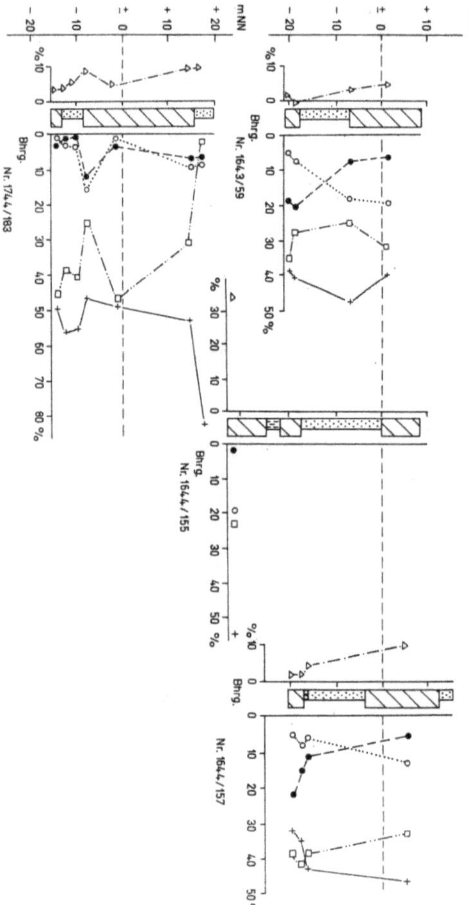

Abb. 7. Histogramme der Geschiebezählungen zu den Bohrungen bei Stralsund
(Legende siehe Abb. 4)

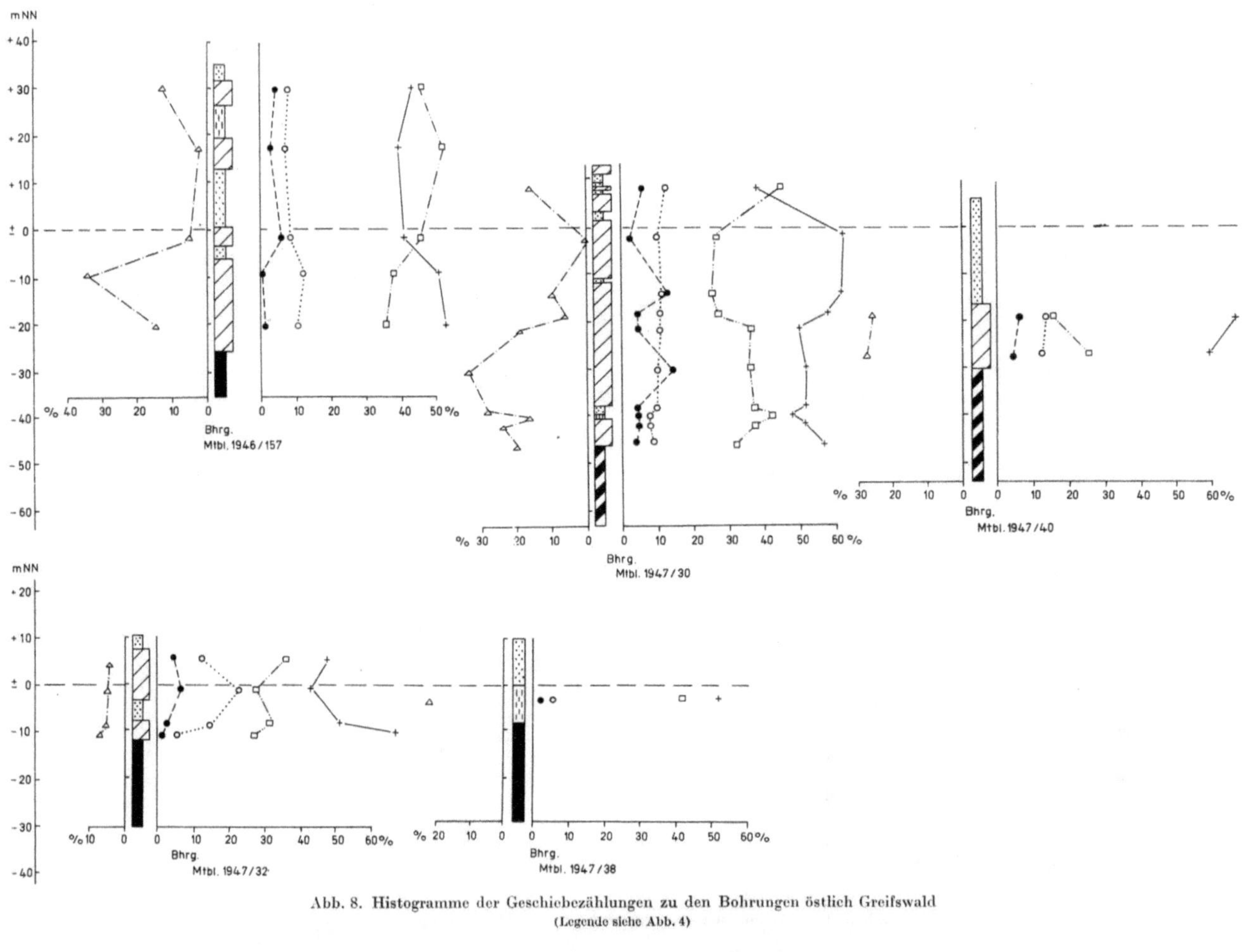

Abb. 8. Histogramme der Geschiebezählungen zu den Bohrungen östlich Greifswald
(Legende siehe Abb. 4)

die bekannten Aufschlüsse des Arkoner Steilufers (R. ALBERTI 1925, A. LUDWIG 1964). Im Zusammenhang mit glazitektonischen Studien betrachtete R. KÖSTER (1958) die leichte Wellung der Oberfläche als Stauchmoränenerscheinung, die mit der Kreideaufschuppung des Kliffs in enger Verbindung steht.

Vom Verf. sind aus vier Bohrungen, die sich um die Ortschaft Banz gruppieren, 30 Proben untersucht worden. Von den Bohrungen erreichte lediglich die Bohrung 1345/38 die Quartärbasis in einer Teufe von rund —52 m NN, was der für Nordwestrügen allgemein zutreffenden Lage der Quartärunterfläche entspricht (K. GROTH 1967).

Die Bohrprofile (Abb. 3) weisen drei durch sandige und schluffig-tonige Bildungen getrennte Geschiebemergelbänke aus. Der Habitus der Mergel entspricht weitgehend denen der drei Hauptmoränenbänke des Jasmunder und Arkoner Kliffs, wie auch die Ausbildung der zwischenliegenden Sedimente denen des Kliffs gleicht. In den schluffig-sandigen Sedimenten des unteren Zwischenhorizonts der Bohrung Nr. 1345/33 sind zahlreiche inkohlte Pflanzenreste enthalten, in den Schlämmrückständen konnten Ostrakoden festgestellt werden. Aus den I_1-Bildungen Arkonas sind Ostrakoden gleichfalls von A. LUDWIG (1964) beschrieben worden. Es liegt damit im Bohrprofil eine dem im Kliff aufgeschlossenen Pleistozän weitgehend gleichende Folge vor.

Dem entsprechen auch die Ergebnisse der Auszählungen. Die Histogramme aller vier Bohrungen (Abb. 3) weisen dem Richtprofil gleichende Kurvenverläufe auf. So enthält die mittlere Geschiebemergelbank die Geschiebegemeinschaft der M_2-Moräne, charakterisiert durch die hervorspringende Kurve der Tonschiefergeschiebe. Im unteren Mergel gleicht die Geschiebegemeinschaft jener der M_{1o}-Moräne, in der oberen Moränenbank liegt die Geschiebegemeinschaft der M_3-Moräne vor. Nicht nachgewiesen ist lediglich die Geschiebegemeinschaft der M_{1u}-Moräne. Die Regelmäßigkeit der Abfolge weist damit für Wittow auf äußerst ruhige Lagerungsverhältnisse hin. Die Gleichförmigkeit wird auch noch durch die Höhenlagen der Moränenbänke unterstrichen, deren Oberkanten bei der unteren Moränenbank bei ca. —48 m NN und bei der mittleren um etwa —20 m NN liegen.

Bohrgruppe nördlich Bergen am Ossensee

Der Ossensee füllt einen Teil einer ehemaligen Gletscherzunge aus, die sich, ausgehend von der Gletscherzunge des Kleinen Jasmunder Boddens, nördlich des Stauchmoränenrückens des Rugard bis zum verlandeten Nonnensee erstreckte (H. SCHMIDT 1957). Die Bohrungen stehen im Bereich des Gletscherzungentals südwestlich des Ossensees. Die bemusterten drei Bohrungen erreichten das Liegende in Teufenlagen zwischen —50 bis —55 m NN. Diese Teufe liegt um etwa 20 m tiefer als die Quartärbasis der weiteren Umgebung und deutet auf eine leichte Depression hin. Das durchteufte Pleistozän (Abb. 4) ist äußerst wechselhaft zusammengesetzt, und so läßt sich eine Konnektierung auf Grund des Habitus der Schichten nicht durchführen.

Es wurden aus den drei Bohrungen 28 Zählungen durchgeführt. Die danach aufgestellten Histogramme zeigen keine besonderen Abweichungen. Es herrscht vom Liegenden zum Hangenden das Abbild der M_3-Geschiebegemeinschaft vor. Daraus leitet sich die Schlußfolgerung ab, daß es sich in den Geschiebemergelbänken um Ablagerungen einer der M_3-Moräne äquivalenten Moräne handelt, deren schürfende Wirkung bis in die Oberfläche des Liegenden hinabreichte. Die Mehrzahl der Bänke dürfte dabei als Oszillationsvorstöße zu deuten sein. Die in der Stauchmoräne und im nördlichen Saum derselben häufig anzutreffenden Schollen des Präquartärs entstammen vermutlich dieser Ausschürfung, während sich die älteren pleistozänen Ablagerungen in der Rugarder Stauchmoräne befinden.

Bohrungen südöstlich Bergen zwischen Binz und Putbus

Die Morphologie dieses Gebiets wird von den kuppigen Bildungen der Mittelrügenschen Endmoränenstaffel und jüngeren, spätglazialen Eisvorstößen geprägt. Hierzu zählt insbesondere das ehemalige Gletscherzungental des Schmachter Sees mit verschiedenen endmoränenartigen Bildungen.

Die präquartäre Oberfläche Südrügens liegt allgemein zwischen —20 bis —25 m NN. Sie wird jedoch von mehreren unterschiedlich tiefen Depressionen unterbrochen. Die bedeutendste ist die bis —100 m NN reichende Depression des Schmachter Sees. Gegenüber der unruhigen Ausbildung der Oberflächen erscheinen die pleistozänen Bohrprofile zunächst recht einheitlich. Es wurden vorwiegend Geschiebemergelbildungen durchteuft, die teilweise von mächtigeren Schmelzwasserbildungen entweder überlagert oder unterlagert sind (Abb. 5). Diese Lagerungsverhältnisse ließen zunächst auf eine eintönige Abfolge schließen, so daß aus den sieben befahrenen Bohrungen nur 24 Proben entnommen und ausgezählt worden sind.

Die in den Histogrammen der Abb. 5 dargestellten Ergebnisse zeigen jedoch eine sehr wechselhafte Geschiebezusammensetzung der Geschiebemergel. Es treten alle aus dem Richtprofil von Jasmund bekannten Geschiebegemeinschaften auf, ohne jedoch deren gerichtete Abfolge aufzuweisen, wie sie in den Bohrprofilen von Wittow zu beobachten ist. Am häufigsten vertreten ist die Geschiebegemeinschaft der M_3-Moräne, die mit wechselndem Kreidegeschiebegehalt (bis zu 30%) bis zur Basis des Profils hinabreicht. In der Bohrung 1647/1046 liegen unter einer Probe mit M_2-artiger Geschiebegemeinschaft zwei Proben, deren Geschiebegemeinschaft stark der M_{3u} ähnelt. Von den beiden in der Bohrung 1647/103 erbohrten Geschiebemergeln weist der untere eine für die M_3-Moräne typische Geschiebegemeinschaft auf, der obere eine für die M_{1o}-Moräne typische. In der Bohrung 1647/105 erscheint, auffallend durch ihren hohen Kristallin- und niedrigen Kalksteingeschiebegehalt, die Geschiebegemeinschaft der M_{1u}-Moräne, unten und oben begrenzt von M_3-äquivalenter Moräne.

Wenn von den Erfahrungen ausgegangen wird, nach der jeder Grundmoräne eine eigene Geschiebegemeinschaft zugehört, so ergibt sich also aus der Auszählung, daß in den Bohrprofilen der Geschiebemergel verschiedenen Moränen angehört. Die ungerichtete Abfolge mit dem Auftreten von M_3-Moränen äquivalenten Bildungen an der Basis der Profile läßt auf intensive Störungen und auch Aufbereitungen älterer Moränenbildungen in die jüngere schließen, wobei das Eis in seinen Schub- und Schurfwirkungen bis zur Präquartäroberfläche hinabreichte.

An dieser Stelle wäre auch noch eine von G. MÜNNICH (1936) aus dem Kliff bei Muglitz, östlich Putbus, stammende und ausgezählte Geschiebemergelprobe zu erwähnen. Sie weist einen für den M_2-Mergel typischen Tonschiefergehalt aus, zu dem jedoch der übernormal hohe Gehalt an Kreidegeschieben (rund 7%) nicht paßt. Vermutlich dürfte es sich um ein schollenartiges und auch schon aufbereitetes Vorkommen von M_2-Geschiebemergel handeln, was auch mit den in den Bohrungen gefundenen Verhältnissen übereinstimmt. Besonderer Erklärung bedarf abschließend noch das Zählergebnis einer Probe eines rotbraunen Geschiebemergels aus der Bohrung 1647/105. Es wurden in dieser Probe 43% des Gesamtanteils der Geschiebe einnehmende rotbraune, konglomeratische und teilweise bereits angerundete Sandsteingeschiebe ausgelesen, die vermutlich einem im Eis aufgeriebenen, größeren konglomeratischen Geschiebe entstammen.

Bohrungen in Südwestrügen

Gegenüber dem kuppigen Südosten Rügens bietet sich der südwestliche Teil Rügens als eine flachwellige Grundmoränenebene ohne besondere Oberflächengliederung dar. Die Oberfläche des Liegenden, im allgemeinen gleichfalls zwischen —20 bis —25 m NN gelegen, ist auch hier von Depressionen unterbrochen. So sind südlich Rambin und bei Venzvitz zwei bis unter —50 m NN reichende Eintiefungen angetroffen worden. Auf dem Südzipfel des Zudars, einer in die Rinne des Strelasunds hineinreichenden Halbinsel, wurde das bisher auf Rügen zutiefst gelegene Pleistozän bis —200 m NN erbohrt.

Von den sechs geschiebestatistisch untersuchten Bohrungen erreichte jedoch keine das Präquartär, so daß die Profile unvollkommen sind (Abb. 6). Die Bohrungen sind im liegenden Geschiebemergel eingestellt worden. So besteht das Grundprofil aus Decksanden (Oberem Sand), Oberem Geschiebemergel, Unterem Sand und einem Unteren Geschiebemergel.

Aus dieser Schichtenfolge sind von den sechs Bohrungen 22 Proben entnommen worden. Die Auszählungen lassen im Histogramm (Abb. 6) keine besonders hervortretenden Unterschiede erkennen. Sowohl der Obere wie auch der Untere Geschiebemergel weisen ähnliche, der M_3-Moräne äquivalente Geschiebegemeinschaften auf. So bietet sich die Folgerung an, in den beiden Mergelbänken zwei stratigraphisch gleichaltrige Moränenablagerungen zu sehen. Ob sie begrenzte Oszillationsvorstöße oder weiterreichende Eisvorstöße repräsentieren, läßt sich beim augenblicklichen Stand der Bearbeitung nicht festlegen. Hierzu wäre noch G. MÜNNICH (1936) anzuführen, der in Südrügen zwei jüngere Moränenbänke mit den Stadienbezeichnungen „G" und „F" unterscheidet.

Bohrungen im Raum Stralsund

Aus dem Gebiet um Stralsund sind vom Verf. lediglich aus vier Bohrungen 16 Proben ausgezählt worden. Die Ergebnisse lassen keine besonderen Schlußfolgerungen zu, dennoch sollen sie kurz behandelt werden. Die Umgebung von Stralsund stellt eine überwiegend flache Grundmoränenebene dar, in die südlich von Stralsund bei Teschenhagen ein kleiner Kegelsander eingelagert ist, dessen Aufschüttung aus der Gustow—Drigger Osrinne heraus erfolgte (H. SCHMIDT 1957).

Der präquartäre Untergrund liegt bei etwa —40 bis —50 m NN. Von den untersuchten Bohrungen erreichte keine das Präquartär (Abb. 7). In den Bohrungen nördlich Stralsund liegt eine dem Profil der Bohrungen Südwestrügens äußerlich gleichende Abfolge vor. In der Bohrung 1644/155 sind unter dem Sand zwei durch eine Schluffbank getrennte Geschiebemergelbänke erbohrt worden. In den Geschiebeauszählungsergebnissen bestehen jedoch gegenüber denen Südwestrügens Abweichungen. So lassen die Auszählungen für den Unteren Geschiebemergel einen höheren Tonschiefergeschiebegehalt erkennen. Ebenso zeigt auch der Anteil der anderen Geschiebegruppen eine weitgehende Übereinstimmung mit der Geschiebegemeinschaft der M_2-Moräne. Die leider einzige Zählung aus dem untersten Bereich des Profils der Bohrung 1644/155 weist hingegen eine weitgehende Ähnlichkeit mit der Geschiebegruppe der M_{1u}-Moräne Jasmunds auf. Spezielle Schlußfolgerungen lassen sich jedoch aus diesem Ergebnis nicht ableiten.

Bemerkenswert ist noch, daß die Höhenlage der Oberfläche des Unteren, der M_2-Moräne adäquaten Geschiebemergels ebenfalls wie in der Bohrgruppe Wittow bei —20 m NN liegt.

Die Auszählungen aus den Oberen Geschiebemergeln gleichen wieder weitgehend denen der M_3-Moräne, was auch für den im Liegenden des Sandersands anzutreffenden Geschiebemergel der Bohrung 1744/183 zutrifft.

Bohrungen zwischen Greifswald und Lubmin

Aus dem Raum Greifswald ist vom Verf. bereits 1961 das Auszählungshistogramm einer Bohrung dargestellt worden (K. GROTH 1961). Die neuaufgestellten vier Histogramme aus weiteren vier Bohrungen ergänzen das Profil weitgehend (Abb. 8). Die Oberfläche bietet sich zwischen Greifswald und Lubmin als eine überwiegend flache Grundmoränenebene dar, die keinerlei Hinweise auf den im Gegensatz dazu wesentlich unruhiger gestalteten präquartären Untergrund gibt. So trafen die bearbeiteten Bohrungen das Präquartär in Teufen zwischen rund —10 bis —46 m NN an. Entsprechend wechselhaft ist auch die durchteufte quartäre Schichtenfolge, bei der bis zu sechs Geschiebemergelbänke angetroffen wurden, die in Lage und Habitus keine besonderen Merkmale zu einer Konnektierung bieten.

Dies trifft auch für die ausgezählten Geschiebegemeinschaften zu, deren graphische Bilder teils denen der M_{1u}-, teils der M_{3u}- und vereinzelt auch der M_3-Moräne gleichen. Der Wechsel der Bilder wird im wesentlichen von den unterschiedlichen Anteilen der Kreidegeschiebe beeinflußt. Dagegen treten die leitenden Geschiebegemeinschaften der M_2- und M_1-Moräne nicht in Erscheinung, wodurch ein unmittelbarer Vergleich der Profile mit denen Nordrügens nicht möglich ist.

Dennoch läßt sich in der Kreidegeschiebeverteilung

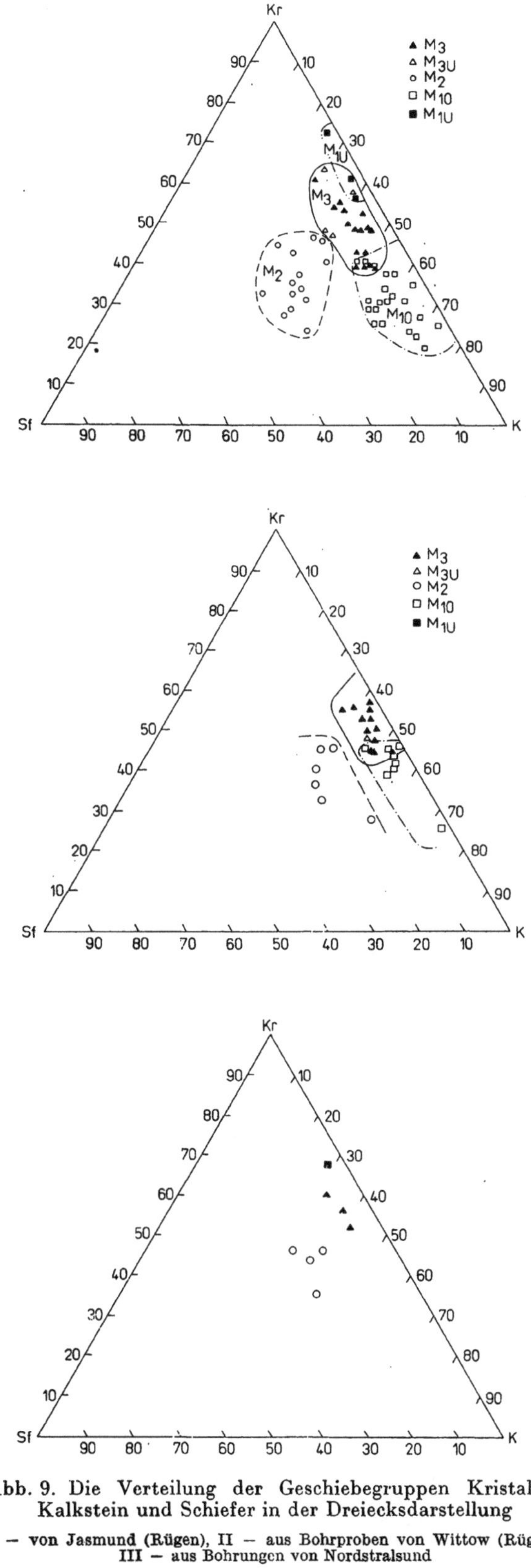

Abb. 9. Die Verteilung der Geschiebegruppen Kristallin, Kalkstein und Schiefer in der Dreiecksdarstellung

I – von Jasmund (Rügen), II – aus Bohrproben von Wittow (Rügen), III – aus Bohrungen von Nordstralsund

eine gewisse Abfolge erkennen. Sie fällt besonders im Vergleich der beiden umfassendsten Profile der Bohrungen 1946/157 und 1947/30 auf. In beiden Histogrammen zeigt die Kurve der Kreidegeschiebeanteile einen gleichen Verlauf, die wohl kaum zufällig sein dürfte, sondern auf eine gerichtete Abfolge hinweist, in das die Diagramme der anderen Bohrungen eingehängt werden können. In diesem Zusammenhang ist auch eine Bemerkung S. v. BUBNOFFs (1949) hervorzuheben, der ebenfalls auf eine durch den wechselnden Kreidegeschiebegehalt der Moränenbänke mögliche Gliederung des erbohrten Pleistozäns hinweist. Ob bei dem diffizilen Quartäruntergrund von einer gleichförmigen Ablagerung des Pleistozäns in diesem Raum gesprochen werden kann, kann an Hand der vorliegenden Ergebnisse noch nicht entschieden werden.

Schlußbetrachtungen

Die vorliegenden, aus Bohrproben stammenden Analysenwerte ließen erkennen, daß es auch im Vereisungsgebiet im Nordosten der DDR durchaus möglich ist, geschiebestatistische Vergleiche der Bohrprofile durchzuführen und gleiche Horizonte miteinander zu verbinden.

Dies gilt als relativ sicher für einen engeren Untersuchungsraum. So kann bei Gruppenbohrungen auf die Frage nach der Art der Lagerungsverhältnisse des Pleistozäns durchaus eine positive Antwort gegeben werden. Weniger einfach ist es dagegen, den stratigraphischen Vergleich über das gesamte Untersuchungsgebiet hinweg zu ziehen. Während die Bohrprofile von Wittow geschiebestatistisch fast völlig den pleistozänen Profilen der Küstenaufschlüsse von Arkona und Jasmund adäquat sind, konnten auf dem Festland bei Stralsund und Greifswald bisher keine dem Jasmunder Standardprofil gleichende Profile angetroffen werden. Mit relativer Sicherheit kann von den unteren Moränen lediglich die M_2-Moräne im Raum von Stralsund als nachgewiesen angesehen werden. Die obere, auf jeden Fall dem jüngeren Weichsel-Glazial zuzuordnende M_3-Moräne läßt sich geschiebestatistisch bis über Rügen hinaus verfolgen, wobei in Südrügen eine Aufteilung in zwei Moränenbänke vorzuliegen scheint. In Abb. 9 sind in Form einer Dreiecksdarstellung die wichtigsten Geschiebekomponenten aus den Profilen von Jasmund, Wittow und von Stralsund zum Vergleich gebracht worden. Die Profile von Greifswald zeigen dagegen geschiebestatistisch keinerlei Beziehungen zum Jasmunder Standardprofil. Dieses Ergebnis wird vermutlich als eine bis zur Quartärunterfläche reichende Oszillationserscheinung eines jungweichselglazialen Gletschers zu deuten sein, ähnlich der Erscheinung in den Profilen des Ossensees. Die endgültige Antwort muß jedoch noch offengelassen werden.

Zusammenfassung

Es wird über das Ergebnis einer geschiebestatistischen Auswertung von ca. 200 Auszählungen von Pleistozän-Proben nach der nur leicht modifizierten Methode der sogenannten Dänischen Steinzählung berichtet. Auf eine stratigraphische Festlegung wurde verzichtet. Das Hauptaugenmerk lag in der Untersuchung der Möglichkeiten der Konnektierung benachbarter Bohrprofile und den sich daraus für die angewandte Geologie ergebenden praktischen Schlußfolgerungen betreffs der pleistozänen Lagerungsverhältnisse. Die Ergebnisse zeigen im Bereich begrenzter Räume durchaus praktisch nutzbare Erfolge.

Резюме

В статье рассматривается результат валунно-статистической интерпретации примерно 200 подсчитанных образцов из плейстоценовых образований по несколько видоизмененному методу так наз. „датского подсчитывания камней". Автор отказался от стратиграфического установления. Главное внимание было обращено на исследование возможностей сопоставления соседних буровых разрезов и на получающиеся для прикладной геологии практические выводы об условиях залегания плейстоценовых образований. Результаты показывают, что в самых ограниченных районах вполне получаются практически полезные успехи для прикладной геологии.

Summary

An account is given of the result obtained by a statistical evaluation of boulders from about 200 countings of Pleistocene samples by the only slightly modified method of the so-called Danish rock-counting. A stratigraphical determination was abandoned, with emphasis placed on examining possibilities of connecting neighbouring boring profiles, and of drawing practical conclusions for applied geology as far as Pleistocene bedding conditions are concerned. As a result, successes practically utilizable in applied geology were obtained for limited areas.

Literatur

ALBERTI, R.: Die geologischen Verhältnisse von Arkona (Rügen). — Abh. geol.-paläont. Inst. Greifswald, 8, 1—24, Greifswald 1925.
BUBNOFF, S. v.: Überblick über die Geologie Ostmecklenburgs (Vorpommern) und seiner Grenzgebiete. — Geologie, 3, Berlin 1949.
CEPEK, A. G.: Zur Grundmoränenstratigraphie in Brandenburg. — Ber. geol. Ges. DDR, 7, 2, 275—278, Berlin 1962.
— Erste Ergebnisse zur Grundmoränenstratigraphie in Brandenburg. — Rep. VI. Int. Congr. Quart. (INQUA 1961), II, 35—42, Łódź 1964.
GROTH, K.: Neue Ergebnisse sedimentpetrographischer Untersuchungen aus dem mecklenburgischen Jungpleistozän. — Czwartorzed Europy Spodkowej i Wschodniej, I. (VII-INQUA-Congress), S. 221—226, Warschau 1961.
— Zur Frage der Beziehungen des glazial-tektonischen Oberflächenbaus Rügens zur endogenen Tektonik. — Ber. dt. Ges. geol. Wiss., A, Geol. Paläont., 12, 6, 641—650, Berlin 1967.
HANNEMANN, M.: Untersuchungen zur stratigraphischen Einstufung von Geschiebemergel aus Ostbrandenburg. — Ber. geol. Ges. DDR, 10, 6, 773—790, Berlin 1965.
— Neue Ergebnisse zur Reliefgestaltung, Stratigraphie und glazigenen Dynamik des Pleistozäns in Ostbrandenburg. — Unveröff. Diss., Berlin 1966.
HINTZE, V.: Møens Klints Geologi. — Kopenhagen 1937.
KÖSTER, R.: Die Stauchmoräne von Arkona (Rügen). — N. Jb. Geol. Min., 7, 289—301, Stuttgart 1958.
LUDWIG, A.: Stratigraphische Untersuchungen des Pleistozäns der Ostseeküste von der Lübecker Bucht bis Rügen. — Geologie, 13, Beih. 42, 1—143, Berlin 1964.
MÜNNICH, G.: Quantitative Geschiebeprofile aus Dänemark und Nordostdeutschland mit besonderer Berücksichtigung Vorpommerns. — Abh. geol.-pal. Inst. Greifswald, 15, 1—52, Greifswald 1936.
RICHTER, K.: Gefüge und Zusammensetzung des norddeutschen Jungmoränengebietes. — Abh. geol.-pal. Inst. Greifswald, 11, 1—63, Greifswald 1933.
SCHMIDT, H.: Der Strelasund und seine morphologischen Probleme. — 64 S., Berlin 1957 [1957 a].
— Morphologische Probleme um den Großen und Kleinen Jasmunder Bodden. — Diss. Greifswald, Greifswald 1957 [1957 b].

Einige Bemerkungen zu der Arbeit Schräber „Asche und Müllkippen und ihre Auswirkungen auf das Grundwasser"

HANS-ULRICH MOLLWEIDE, Dresden

Verunreinigungen des Grundwassers durch gewerbliche und industrielle Rückstände, durch Asche, Schutt und Müll — insgesamt in der Regel als feste Rückstandsstoffe bezeichnet — sind durch die Literatur seit ca. 35 Jahren bekannt. Dabei werden in erster Linie Schadensfälle beschrieben. Umfangreiche Zusammenstellungen der diesbezüglichen deutschsprachigen Literatur finden sich bei GOLWER u. a. (1970) und MOLLWEIDE (1969, 1971). Bei der Beschäftigung mit diesem Problemkreis ist das gewiß auch Herrn SCHRÄBER nicht entgangen. Danach dürfte allerdings hier auf keinen Fall ein „besonders bemerkenswertes Beispiel" veröffentlicht worden sein, um auf die Wichtigkeit des Schutzes unseres Grundwassers vor Verunreinigungen durch Asche- und Müllkippen hinzuweisen. Hierauf gehen fast alle zitierten Publikationen ein. Speziell in der DDR geschah dies außer den obigen bei den Veröffentlichungen von BURGER (1970) und MILDE u. a. (1969). Auch die TGL 24348 beschäftigt sich damit.

Die Auswirkungen, die Ablagerungen fester Rückstandsstoffe auf das Grundwasser haben können, sind sowohl von den Verhältnissen in den Deponien selbst als auch von der geologischen Situation abhängig. Für die Beurteilung der Verhältnisse in den Abfalldeponien sind insbesondere die Prozesse der Alterung, Verwitterung und Auslaugung von Bedeutung, Näheres — außer den Genannten — bei WOLTERS (1965). Die geologische Situation spielt vor allem eine Rolle für die Möglichkeiten des Eindringens von Verschmutzungsstoffen in das Grundwasser (Versickerung bzw. Versinkung und/oder Auslaugung durch das Grundwasser) und die Ausbreitung im Grundwasser, wie es u. a. auch FARKASDI u. a. (1969), KLOTTER u. a. (1969), MILDE u. a (1970), NÖRING u. a. (1967, 1968) beschrieben. Nach MILDE u. a. (1970) sind Kluft- und Karstgrundwasserleiter — vgl. vorliegenden Fall — in der Regel weit mehr gefährdet als Porengrundwasserleiter; derartige Gefährdungen sind aber nicht die Norm, da die meisten und größten Grundwasserfassungen im Lockergestein zu finden sind. Das war auch einer der ausschlaggebenden Gründe für die in den letzten Jahren erstmals durchgeführten Untersuchungen von NÖRING u. a., mit denen sie über die Art und den Umfang der Beeinflussung einen Überblick gewinnen wollten sowie über das Ausmaß der Gefährdung des Grundwassers und den Abbau der Verunreinigungen (a. a. O.).

Weiterhin sind einige Dinge des Punktes „Hydrochemische Verhältnisse" diskussionswürdig. Der Problemkreis Grundwasserschutz/Grundwasserverunreinigung ist stets komplex zu sehen. Es geht nicht an, ihn nur unter ganz bestimmten Aspekten (Mineralölprodukte, feste Rückstandsablagerungen, Düngung usw.) zu betrachten. Das kommt insbesondere bei MILDE & MOLLWEIDE (1969) zum Ausdruck. Verf. ist es unerklärlich, wieso er zitiert wird, wenn es gerade in diesem Zusammenhang um eine recht eigenartige Behauptung geht. Der Gedanke, die allmähliche Verschlechterung der Grundwasserqualität sei „in erster Linie ein Resultat der verstärkten und nicht immer sachgemäßen künstlichen Düngung", ist in dieser Arbeit nirgends zu finden. Vielmehr soll die umfassende Betrachtung aller Faktoren (= „Summenwirkung" nach THEWS 1971) optimale Aussagen sichern.

Im Zusammenhang mit der guten Wasserqualität des Brunnens 19 wird vermerkt, daß er von einer unbebauten, bewaldeten und eingezäunten Schutzzone umgeben ist. Die

Eingang des Manuskripts in der Redaktion: 17. 5. 1971.

eingezäunte Fassungszone, die unbebaute engere und die bewaldete weitere Schutzzone sind aber nicht unbedingt das Kriterium für die gute Grundwasserqualität. Dieser Eindruck könnte vielleicht bei SCHRÄBER entstehen; insbesondere gilt das nicht bei Kluft- bzw. Karstgrundwasser (s. a. TGL 24348).

Des weiteren wird von extrem hohen Cl^--Gehalten einiger Brunnen (um 150 mg/l) gesprochen und von NO_3-Gehalten, die zwischen 20 und 50 mg/l differieren, wobei einige Brunnen Werte bis 80 mg/l erreichen. Hieran wird der Hinweis geknüpft, daß „derartig betroffene Brunnen grundsätzlich für die Trinkwasserversorgung selbst in Katastrophenfällen zu sperren" sind. Die maximal zulässigen Werte für Trinkwasser betragen laut Europabüro der WHO und vergleichsweise laut TGL 22433:

für Chorid — 250 mg/l bzw. 350 mg/l (!)
für Nitrat — 50 mg/l bzw. 40 mg/l für Säuglingsnahrung und 150 mg/l für die anderen Verbraucher

Von einer Sperrung von Trinkwasser der obengenannten Qualität in Katastrophenfällen ist Verf. nichts bekannt; andererseits weiß er, daß z. T. bedeutend höhere Nitratgehalte im Trinkwasser zugelassen werden, wenn keine anderweitige Versorgungsmöglichkeit besteht. Von einer „außergewöhnlich starken Verunreinigung des Grundwassers" sollte also in diesem Zusammenhang tunlichst nicht gesprochen werden.

Auf die „Genese" der Verschmutzungsindikatoren wurde bei den bereits Zitierten eingegangen, wobei der Begriff „Genese" m. E. wohl besser durch Entstehung und Herkunft zu ersetzen wäre.

Schutz- und Sicherungsmaßnahmen für Wasserversorgungsanlagen hinsichtlich einer Verunreinigung des Grundwassers durch die Ablagerung fester Rückstandsstoffe werden bei den Genannten ebenfalls erläutert. Auf keinen Fall dürfte es m. E. eine Schlußfolgerung sein, „im Interesse der Gesunderhaltung unserer Bevölkerung" das Wasser „verunreinigter" Brunnen häufigen und regelmäßigen Kontrollen zu unterziehen, um gegebenenfalls „Sofortmaßnahmen" treffen zu können.

Zur Abrundung des Komplexes und als Grundlage für eine weitere eingehende Diskussion der Veröffentlichung von Herrn SCHRÄBER möge für alle Interessenten ein umfangreiches Verzeichnis der deutschsprachigen Literatur angefügt sein.

Literatur

BEYER, W., & F. BRAUNS: Hydrogeologische Untersuchungen bei einer Ablagerung von Abfallstoffen. — Z. angew. Geol., **12**, 599—606, Berlin 1966.
BRAUN, R.: Zur Frage der Beeinflussung des Grundwassers durch die Ablagerung von Verbrennungsrückständen und Müllkompost. — Schweiz. Bauzeitung, **84**, H. 36 (1966).
BRUNS, H.: Schutzgebiete für Wassergewinnungsanlagen. — GWF, **90**, 18—19 (1949).
BRUNS, M., & A. LANG: Über die Verunreinigung des Grundwassers durch chemische Stoffe. — GWF, **83**, 6—9 (1940).
BUCKSTEEG, W.: Abfalldeponien und ihre Auswirkungen auf Grund- und Oberflächenwasser. — GWF, **110**, H. 20 (1969).
BÜRGER, G.: Zum Problem der hygienischen Auswirkungen unkontrollierter Rückstandsablagerungen. — Z. ges. Hygiene, **16**, 161—167 (1970).
DENNER, J.: Trümmerschuttablagerungen und Schutzgebiete für Wassergewinnungsanlagen. — GWF, **92**, 183—184 (1951).
EFFENBERGER, E.: Verunreinigung eines Grundwassers durch Cyanide. — Arch. Hygiene, **148**, 271—287 (1964).
EGGER, F.: Grundwasserbeeinflussung durch industrielle Anlagen. — Ges.-Ing., **65**, 124—126 (1942).
FARKASDI, D., A. GOLWER, K.-H. KNOLL, G. MATTHESS & W. SCHNEIDER: Mikrobiologische und hygienische Untersuchungen von Grundwasserverunreinigungen im Unterstrom von Abfallplätzen. — Städtehygiene, **20**, 25—31 (1969).
GOLWER, A., G. MATTHESS & W. SCHNEIDER: Selbstreinigungsvorgänge im Grundwasserleiter. — Vom Wasser, XXXVII (1970).
HAUPT, H.: Schädlicher Einfluß von Ascheablagerungen auf Grundwasser. — GWF, **78**, 526—528 (1935).
HÖLL, K.: Gefahren für Trink- und Brauchwasser, ihre Anwendung und Behebung. — Gas—Wasser—Wärme, **24**, H. 9 (1970).
KLOTTER, K. E., & E. HANTGE: Abfallbeseitigung und Grundwasserschutz. — Müll und Abfall, **1**, 1—8 (1969).
LANGER, W.: Grundwasser und Nachbarschaftsschutz. — Der Städtetag, **15**, 279—282 (1962).
— Die hydrogeologischen Gesichtspunkte bei der Lagerung von Abfallstoffen. — JWL-Forum, Sammelber. über Kolloquien 1963, JWL-Selbstverlag.
LÖHNERT, E.: Grundwasserverunreinigungen im Elbetal (Freie und Hansestadt Hamburg). — GWF, **110**, 1171—1177 (1969).
MILDE, G., & H.-U. MOLLWEIDE: Die wichtigsten Verschmutzungsgefahren für Grundwasserlagerstätten. — Z. angew. Geol., **15**, 17—25, Berlin 1969.
— Hydrogeologische Faktoren bei der Grundwasserverunreinigung. — WWT, **20**, 234—237 (1970).
MOLLWEIDE, H.-U.: Die Ablagerung fester Rückstandsstoffe in ihrer Beziehung zu Untergrund, Grundwasser und Wasserversorgung. — WWT, **19**, 310—312 (1969).
— Zur Frage der Beeinflussung des Grundwassers durch die Ablagerung fester Rückstandsstoffe. — Z. ges. Hygiene, **17**, 261—264 (1971).
NIETSCH, B.: Die Frage der Ablagerung von Schutt und Müll und ihre Beziehung zur Wasserversorgung. — Steirische Gemeindenachr., **14**, 16—19 (1961).
NÖRING, F., A. GOLWER & G. MATTHESS: Auswirkungen von Industrie- und Hausmüll auf das Grundwasser. — Mem. Congr. Intern. Assoc. Hydrogeol., 1965, 165—171, Hannover 1967.
NÖRING, F., D. FARKASDI, A. GOLWER, K.-H. KNOLL, G. MATTHESS & W. SCHNEIDER: Über Abbauvorgänge von Grundwasserverunreinigungen im Unterstrom von Abfalldeponien. — GWF, **109**, 137—142 (1968).
PFEFFER, P.: Ein praktischer Versuch zur Ermittlung der Cl^--Wanderungsgeschwindigkeit bei der Diffusion einer Kochsalzlösung in einem plastischen Ton. — Notizbl. hess. Landesamt Bodenforsch., **87**, 429—433 (1959).
PIERAU, H.: Praktische Hinweise für das Verfüllen aufgelassener Tongruben mit Industrieabfällen. — Kommunalwirtschaft, **18**, 1—5 (1969).
RÖSSLER, B.: Die Beeinflussung des Grundwassers durch Müll- und Schuttablagerungen. — Vom Wasser, XVIII, 43—60 (1951).
SCHULZ, G.: Untersuchungen über die Gefährdung von Muschelkalkquellen nördlich Oberndorf am Neckar. — Aus der Heimat, **65**, 168—172 (1957).
SEMMLER, W.: Verdorbenes Grundwasser. — Schlägel und Eisen, 534—541 (1960).
— Halden — ein hydrologisches Problem. — Schlägel und Eisen, 694—698 (1958).
THEWS, J. D.: Die Summenwirkung von Verunreinigungen in Trinkwasserschutzgebieten. — GWF, **112**, 101—103 (1971).
WITZEL, G.: Schutz der oberirdischen Gewässer und des Grundwassers vor den Folgen der Ablagerung von Müll, Schutt und sonstigen Abfällen. — Die Wasserwirtschaft, **53**, 35—37 (1963).
WOLFSKEHL, O., & E. BOYE: Einwirkung von abgelagerter Müllasche und von Müllkompost auf das Grundwasser. — GWF, **107**, 36—38 (1966) u. Diskussionsbeitr. H.-E. KLOTTER: GWF, **107**, 902—903 (1966).
WOLTERS, N.: Alterung, Verwitterung und Auslaugung abgelagerter Feststoffe. — Wasser, Luft, Betrieb, **9**, 154—156 (1965).
ZWITTNIG, L.: Die Beeinflussung des Grundwassers durch Mülldeponien. — Steirische Beitr. Hydrogeol. 1963/64, 91—106, Graz 1964.
Brennpunkt Müllproblem. — Westdt. Informationsschr., Bonn 1968.
DDR-STANDARD „Schutz der Trinkwassergewinnung". — TGL 24348, Blatt 1—3.
DDR-Standard „Trinkwasser, Gütebedingungen". — TGL 22433.
Vereinigung Deutscher Gewässerschutz (VDG): Gewässerschäden durch Ablagerung von Abfallstoffen. — Schriftenreihe, H. 16 (1967).

Buchbesprechungen

LAURIEN, N.

Erdgas

München, Wien: R. Oldenbourg-Verlag 1970. 2. völlig neubearbeitete und wesentlich erweiterte Auflage, 1120 S., 563 Abb., 123 Tab., 136,— DM

Der ersten Auflage des „Taschenbuches Erdgas" von 1966 folgt nun die zweite, wesentlich erweiterte und dem neuesten Stand entsprechende Auflage, ein Zeichen für den Bedarf nach einem derartigen Buch für das Gesamtgebiet der Erdgasgewinnung und -verwertung. Zugleich zeigt die erhebliche Erweiterung um über 400 Seiten das Bemühen des Herausgebers, das Taschenbuch zu vervollständigen und die neuesten Erkenntnisse einzubeziehen. Das ist ihm gelungen.

Kap. 1 beinhaltet die Entstehung des Erdgases, Migration und Lagerstättenbildung und gibt einen kurzen Überblick über ausgewählte Erdgaslagerstätten und über die Gesteinsphysik. Kap. 2 enthält Angaben über die chemische Zusammensetzung und die physikalischen Konstanten von Erdgasen sowie zahlreiche Diagramme über ihr physikalisches Verhalten.

Im umfangreichen Kap. 3 über das Aufsuchen von Erdgaslagerstätten werden Methoden der Kartierung, geophysikalische Methoden, die geologische Bearbeitung der Spülproben und Kerne im Bohrfeld und im Labor, die Erfassung von Gasspuren, die Anwendung der Bohrlochmessung zur Korrelation und die geologische Auswertung der erfaßten Daten in Karten und Profilschnitten abgehandelt. Es folgen Angaben zur Bohrtechnik, darunter Bohrverfahren, Bohrfortschritt, Bohrlochkonstruktion, Kosten von Bohrungen und deren Ermittlung. Breiten Raum nimmt das Offshore-Bohren ein. Das Kapitel beinhaltet weiterhin Messungen in Bohrungen vom Bohrfortschritt bis zur Temperaturmessung, Gestängetestverfahren und ihre Auswertung sowie die Methoden zur Vorratsberechnung.

Kap. 4 enthält Angaben zur Erdgasförderung. Perforations-, Test- und Intensivierungsmethoden werden in übersichtlicher, kurzer Form abgehandelt. Ein spezieller Teil ist dem ersten Versuch zur Anwendung von Kernenergie zur Fracbehandlung der Erdgaslagerstätte Gasbuggy gewidmet. Das Kapitel enthält weiterhin Angaben zum Förderbetrieb, zur Erdgasreinigung und Abtrennung von Helium und Stickstoff. Leider fehlen hier Angaben zur Optimierung des Feldaufschlusses mittels Produktionsbohrungen sowie der Automatisierung.

Kap. 5 trägt der zunehmenden Bedeutung der Untertagespeicherung von Erdgas in gasförmiger und flüssiger Form Rechnung. Es gibt einen sehr guten Überblick und enthält ein umfangreiches Schrifttum am Schluß des Kapitels. Im Kap. 6 wird der Transport von Erdgas in gasförmigem Zustand beschrieben mit Verteiler- und Mischstationen, Trassierung usw. Weiterhin werden Bau und Betrieb von Erdgasübernahmestationen, regionale Gasversorgung, Gasdruckregelanlagen, Gasmeßeinrichtungen sowie Sicherheits- und Regeleinrichtungen bei Gasfeuerstätten erörtert.

Kap. 7 enthält die Verflüssigung und den Transport von Erdgas in verflüssigtem Zustand in Tankern, Kesselwagen, Straßenfahrzeugen sowie die Zwischenspeicherung von Flüssigerdgas. Kap. 8 zeigt die schnelle Entwicklung des Erdgastransports mittels Gasleitungsnetzen am Beispiel westeuropäischer, aber auch fast aller sozialistischen Länder.

Kap. 9 enthält Angaben zur Verfahrenstechnik der Erdgasverwendung: als Heizgas, in der Petrolchemie, als Grundstoff für die Ammoniakgewinnung, für die Roheisengewinnung und bei der Stahlverarbeitung. Im Kap. 10 sind Entwicklungsarbeiten zur Erweiterung der Verfahrenstechnik der Erdgasverwendung angeführt, die Eiweißgewinnung aus Erdgas.

Die Kap. 11 bis 13 enthalten Hinweise auf gesetzliche Bestimmungen und statistische Angaben. Ein umfangreiches Sachwortverzeichnis und eine Symbolliste schließen den Band ab. Außerdem enthält jedes Kapitel, oftmals auch ein einzelner Abschnitt, ein Schrifttumsverzeichnis, das auf dem Gebiet der Erdgassuche und -gewinnung im wesentlichen 1967, bei Erdgastransport und -verwendung 1968, z. T. 1969, abschließt.

Kleine Fehler sollten bei einer Neuauflage beseitigt werden. Der Ausdruck „Schacht" in Abb. 1.472 wird sicher durch „Bohrung" bzw. „Sonde" richtiger übersetzt. Die Kostenangaben für geophysikalische Trupps auf S. 156 können in ihrer Dimension unmöglich stimmen.

Das „Taschenbuch Erdgas" ermöglicht jedem, der in irgendeiner Form mit der Erdgassuche, -gewinnung und -verwendung beruflich zu tun hat, sich über das Gesamtgebiet in konzentrierter Form zu informieren. Es wird damit einem sehr großen Interessentenkreis gerecht.

F. Eberhardt

Autorenkollektiv

Resources and Man

(A study and recommendations by the Comittee on Resources and Man of the Division of Earth Sciences National Academy of Sciences-National Council)

San Francisco: W. H. Freeman and Co. 1969. 259 S., 56 Abb., 27 Tab.

Das hier als paperback vorgelegte Material stellt einen „Vorabbericht" der gleichnamigen Kommission dar, die im Auftrag von US-Regierungsstellen (und von diesen finanziert) als gemeinsames Organ der Akademie der Wissenschaften und des Nationalen Forschungsrats der USA etwa Mitte 1966 gebildet wurde. Mehr als 80 Wissenschaftler, von denen 8 als Autoren der einzelnen Kapitel in Erscheinung treten, waren an der Vorbereitung der Materialien bzw. an den vier zur Diskussion durchgeführten je dreitägigen Konferenzen beteiligt. Der vorliegende Bericht hebt sich positiv von der Flut futuristischer „Untersuchungen" ab, mit der in den letzten Jahren der zunehmenden Verunsicherung breiter Gesellschaftsschichten der kapitalistischen Welt Rechnung getragen wird. Außer einem Geleit- und Vorwort sowie einer Einleitung gibt es folgende Abschnitte:

1. Das ökologische System des Menschen (10 Seiten); 2. Wechselbeziehungen zwischen Mensch und seinen Ressourcen (12); 3. Die Bevölkerung der USA und der Welt (22); 4. Nahrungsmittel vom Festland (23); 5. Nahrungsmittel aus dem Meer (22); 6. Mineralressourcen des Festlands (26); 7. Mineralressourcen des Meeres (22); 8. Energieressourcen (85); ergänzt durch etwa 10 S. Register.

Die Abschnitte 1 bis 3, in denen versucht wird, die Ausgangsposition der nachfolgenden Überlegungen zu fixieren, sollten zuständigkeitshalber an anderer Stelle eingehend behandelt werden. Der offen vertretene Neomalthusianismus und Existentialismus sowie die bemerkenswerte Naivität gegenüber den gesellschaftspolitischen Aspekten der behandelten Fragen fallen allerdings auch dem Laien unangenehm auf. Auch die Abschnitte 4 und 5 sollen hier nicht behandelt werden, obwohl sie einige interessante Angaben enthalten.

Die dann folgenden Abschnitte dürften ungeachtet gewisser Einschränkungen für jeden, der sich mit prognostischen Überlegungen zur Rohstoffwirtschaft beschäftigen muß, von erheblichem Wert sein. Eine ganze Reihe der hier zusammengetragenen Erkenntnisse ist bisher wohl kaum in solcher Deutlichkeit und z. T. derart komplex publiziert worden. Hier einige Beispiele:

a) In dem Material wird „unikalen" mineralischen Rohstoffen, d. h. solchen, die auf Grund besonderer Eigenschaften weder substituierbar noch synthetisch zu erzeugen sind, besondere Aufmerksamkeit zuteil (Quecksilber als einziges bei Normaltemperatur flüssiges Metall; Helium als leichtes Innertgas). Dieses Herangehen, wobei im Zuge der wissenschaftlich-technischen Entwicklung Ergänzungen nötig werden dürften, erscheint durchaus logisch.

b) Die oft überbewerteten Möglichkeiten der Nutzung mariner Ressourcen werden nüchtern relativiert und eher unterkühlt behandelt. Immerhin hält der Rezensent die Feststellung „... if present conceptions of earth structure and of sea-floor composition and history are even approximately correct, minerals from the seabed are not likely to compare in volume or in value with those yet to be taken from the emerged lands ..." für wahrscheinlich gerechtfertigt und beherzigenswert.

c) Sehr sorgfältig wurden die Primärenenergieressourcen untersucht. Der gute Überblick über die verschiedenen technisch realisierbar erscheinenden Möglichkeiten dürften jeden an der Energiefront stehenden Geologen unmittelbar interessieren. Für eingehendere Untersuchungen sind hier nützliche Zahlen beigegeben.

Auch hier lohnt sich aber kritisches Herangehen. Der Hinweis auf die geologischen Gesetzmäßigkeiten, denen hydroenergetische Bauten unterliegen (Sedimentakkumulation, verstärkte Erosion im Unterlauf usw.), ist zunächst sicher objektiv richtig. Man kann sich aber kaum dem Eindruck entziehen, daß hier die durch das Streben nach Maximalprofit verursachte inadäquate Nutzung der Wasserressourcen in kapitalistischen Ländern „wissenschaftlich" verteidigt werden soll.

Die aus dem Bericht abgeleiteten und der Einleitung beigefügten Empfehlungen gliedern sich in solche für Sofortmaßnahmen, solche für die staatliche Überwachung und für erforderliche Forschungsarbeiten.

Alles in allem kann man wohl von einer Bereicherung des gewiß nicht knappen Literaturangebots auf diesem Gebiet sprechen. W. Tobias

Autorenkollektiv

Fortschritte der Geologie von Rheinland und Westfalen, Band 17

Krefeld: Geologisches Landesamt Nordrhein-Westfalen 1970. XII und 810 S., 72 Taf., 217 Abb., 74 Tab., 96,— DM

Dieser Band trägt den Charakter einer Festschrift zum 60. Geburtstag des Präsidenten des Geologischen Landesamtes Nordrhein-Westfalen, Prof. Dr. H. Karrenberg. Die

Themen entstammen allen Arbeitsgebieten des Geologischen Landesamts und umfassen in 42 Beiträgen von 56 Autoren Forschung, Erkundung und Fragen der angewandten Geologie.

Für Schichtfolgen im höheren Unterdevon und innerhalb Oberdevon/Unterkarbon wurden stratigraphische Neugliederungen erarbeitet, Karbonaufschlüsse unter Tage beschrieben. Im Gebiet des Ochtruper Sattels konnte die marine Unterkreide am Nordrand der Rheinischen Masse gegliedert werden. Eine Conodontenfauna aus dem höchsten Oberdevon sowie Fossilien aus dem Miozän vom „Tiefen Schafberger Stollen" bei Ibbenbüren werden beschrieben. Von hydrogeologischen und bodenkundlichen Untersuchungen ausgehend gelangten quartärgeologische Fragen zur Bearbeitung. Gerölle aus Unterkreidesanden waren Gegenstand sedimentpetrographischer Untersuchungen. Die in kalkigen Sedimenten von Mitteldevon bis Unterkarbon auftretenden „kosmischen Kügelchen" konnten als „Meteoritenabbrand" im Sinne von RAMDOHR gedeutet werden. Bei kohlenpetrographischen Untersuchungen zeigte sich, daß sich Zellulosehumine in beträchtlichem Maße an der Kohlenbildung beteiligen.

An Gangvorkommen im Bergischen Land ließen sich mit Hilfe der Cd-, Hg-, Fe-, Co- und Ni-Gehalte der Zinkblende im Bereich der Grube Lüderich Teufenunterschiede nachweisen. Auf den Zusammenhang zwischen der Tektonik und den Lagerungsverhältnissen des Tertiärs in der südlichen Niederrheinischen Bucht wurde hingewiesen.

Mehrere Arbeiten befassen sich mit hydrogeologischen Fragen: Grundwasserverhältnisse am Südostrand der Münsterländer Kreidebucht und des Eggegebirges; Talgeschichte der Stever und der unteren Lippe; Grenzzone Süßwasser/Salzwasser im Raum Bielefeld; Grundwasserschutz im Niederrheingebiet; Bedeutung der Geoelektrik in der hydrogeologischen Erkundung; erkundungsmethodische Fragen bei der Erbohrung neuer Thermalquellen.

Andere Beiträge behandeln bodenmechanische und ingenieurgeologische Probleme, Tagebauböschungen im rheinischen Braunkohlengebiet und Sprengungen in sandig-kiesigem Untergrund. Ergebnisse bodenkundlicher Kartierungen und der geologischen Spezialkartierung sind in mehreren Arbeiten niedergelegt.

Diese knappe Übersicht vermag nur kurz die Vielfalt der behandelten Themenkreise zu umreißen. Übersichtliche Profile, Kartenskizzen und Kartenbeilagen, Fotowiedergaben auf den Tafeln sowie prägnante Literaturzusammenstellungen zeichnen den Band aus. Er enthält die Fortschritte der Arbeiten seit der Veröffentlichung von Band 16 im Jahre 1969. K. DETTE

Autorenkollektiv

Fortschritte der Geologie von Rheinland und Westfalen, Band 16

Krefeld: Geologisches Landesamt Nordrhein-Westfalen 1969. VIII und 608 S., 53 Taf., 147 Abb., 45 Tab., 65,— DM

Der Band 16 ist im Gegensatz zu seinen 15 Vorgängern kein Symposium, sondern ein Sammelband. Dadurch wurde es möglich, Themen zu behandeln, die früher nur ungenügend berücksichtigt werden konnten. Der Band enthält 32 Arbeiten von 42 Autoren. Es werden behandelt: Stratigraphie des Paläozoikums sowie stratigraphische Fragen von Tertiär und Quartär, sedimentpetrographische Probleme, paläontologische und mineralogische Untersuchungsergebnisse, geomorphologische Beobachtungen, hydrogeologische Probleme, Kartierung und Fragen der Bodenkunde.

Im einzelnen kann auf folgende Ergebnisse verwiesen werden: Die Flöze der Bochumer Schichten zeigen durch Scharung und Aufspaltung große Mannigfaltigkeit. Die Rimmert-Schichten des Ebbesattels wurden petrographisch neu gegliedert. Auf Grund der petro- und biofaziellen Charakterisierung der Nehden-Schichten, die den Kern der Büdesheimer Mulde bilden, werden zwei Hauptfazies herausgestellt: die Cypridinenschiefer von Oos und der Büdesheimer Schwarzmergel. Im Plattensandstein bei Iserlohn wechseln die Strömungsmerkmale sehr stark. Im Oberems bis in die tiefe Eifel-Stufe und im Oberdevon der Eifeler Kalkmulde wurden Benthonitlagen gefunden, die aus vulkanischen Aschen hervorgegangen sind. Am Südflügel der Lüdenscheider Mulde vertritt der „Westenfelder Kohlenkalk" den Kieselkalkhorizont (Unterkarbon $II_\gamma—III_{\alpha 1}$). In der Gerolsteiner Mulde entsprechen die Wetteldorf- und Heisdorf-Schichten dem oberen Teil des in der Prümer Mulde vollständig ausgebildeten Oberems. Neue Aufschlüsse bei Fröndenberg (Ruhr) vertieften die Erkenntnisse über Stratigraphie und Tektonik der Kaisberg-Schichten (Namur C). Die bisher beschriebenen Unterarten von *Palmatolepis* werden in der Revision als Unterarten der innerartlichen Variabilität angesehen. —

Umfangreiche methodische und stratigraphische Vorarbeiten für eine Lagerstättenkarte der rheinischen Braunkohlen konnten abgeschlossen werden. Die Flözstratigraphie der Braunkohle in der Niederrheinischen Bucht konnte revidiert werden. Die mikrofloristische Gliederung des rheinischen Braunkohlenreviers wurde im Hangenden um Abschnitt IV erweitert. Es wird die bei der röntgenfluoreszenzanalytischen Bestimmung von Ca, Sr, Br, Fe, Ti, Ba und S in Braunkohlen angewandte Methodik beschrieben. Die Liegendschichten des Hauptflözes in der mittleren und südlichen Ville sind horizontalgeschichtete, feinkörnige lagunäre Ablagerungen. Dicht nördlich des Ortes Weeze wurde unmittelbar im Liegenden der pleistozänen Terrassenkiese eine aus Bivalven bestehende Fauna pliozänen Alters gefunden.

Die Ablagerungen der Saale-Eiszeit sind durch die Wegberger und die Rheindahlener Bodenbildung in drei Abschnitte gegliedert. Die Quartärbasis besitzt im Niederrheingebiet bei allgemeiner Senkungstendenz zu den Niederlanden hin ein stark gegliedertes Relief.

In Bad Westernkotten hat die Neubohrung 1965 auf einer Störungszone in mittel- und oberturonen Schichten Mineralwasser erschlossen (6 bis 10 m^3/h). Für die Bäder Salzuflen und Oeynhausen wurde der Mineralwasserhaushalt ermittelt.

Bei einer Systematik der Böden Deutschlands werden die Beziehungen zwischen Profilausprägung und Bodenfruchtbarkeit erläutert. Der Vorschlag einer Bodenkarte auf der Grundlage der Bodenschätzung i. M. 1:5000 wird zur Diskussion gestellt. Nach Darlegung der kartographischen Vorteile des Luftbildes gegenüber der Karte wird die Interpretationsarbeit der Luftaufnahme im Rheinischen Schiefergebirge diskutiert.

Der hier umrissene Inhalt wird durch Skizzen, Profile und zahlreiche Bildwiedergaben unterstützt. Der auch äußerlich gutausgestattete Band 16 bringt eine beträchtliche Erweiterung der modernen Probleme der regionalen Geologie von Nordrhein-Westfalen. K. DETTE

KÉZDI, A.

Handbuch der Bodenmechanik
Band 2, Bodenmechanik im Erd-, Grund- und Straßenbau

Berlin/Budapest 1970. 52.— M

Als Gemeinschaftsauflage des VEB Verlag Bauwesen, Berlin, und des Verlags der Ungarischen Akademie der Wissenschaften, Budapest, liegt nunmehr der zweite Band des Handbuchs für Bodenmechanik vor. Ausstattungsmäßig handelt es sich um eine würdige Fortsetzung des ersten Bandes. Auch hier ist der klar und übersichtlich angeordnete Text mit sachbezogenen Diagrammen, Bildern und Tabellen versehen, die dem Verständnis des Stoffes dienlich sind. In dieser Form ist, um in der Sprache der Geotechnik zu sprechen, eine Einheit im Sinne einer optimalen Anpassung von Text und Bild erreicht worden. Die vom Autor laut Vorwort angestrebte „moderne Betrachtungsweise" ist ihm auch in dieser Beziehung gelungen.

Das Buch gliedert sich in fünf Hauptabschnitte:

1. Bodenmechanik der Erdbauten. Es werden Böschungsprobleme unter verschiedenen Bedingungen hinsichtlich des Baumaterials und des geologischen Untergrunds, der auftretenden Spannungen, der die Standsicherheit beeinflussenden Faktoren (geologisch, biologisch, meteorologisch, chemisch u. a.), der Durchströmung (bei Erddämmen) sowie der Entwässerung behandelt.

2. Bodenmechanik des Grundbaus. Der Inhalt berücksichtigt die grundsätzlichen Gründungsarten und die in diesem Zusammenhang auftretenden Aufgaben, wie die Ermittlung der Grenztragfähigkeit, der Spannungsverteilung und der Setzungen unter den wichtigsten bekannten Bedingungen.

3. Bodenmechanik des Straßenbaus. Nachdem ein Überblick über die Aufgaben der Konstruktionsschichten und

über die durch die Verkehrsbelastung gegebenen Ausgangsgrößen vermittelt wird, werden zunächst die Spannungen unter verschiedenen Bedingungen behandelt. Etwa die Hälfte dieses Kapitels ist der Ermittlung und der Bedeutung der wichtigsten, für den Verkehrsbau spezifischen Kennzahlen zur Bestimmung der Tragfähigkeit der Konstruktionsschichten sowie Fragen der Entwässerung und der Frostgefährdung gewidmet.

4. Die Verbesserung der physikalischen Eigenschaften von Erdstoffen. In diesem Abschnitt beschränkt sich der Autor im wesentlichen auf eine rein bodenmechanische Betrachtung der Verdichtung. Kurze Abschnitte über einige Verfahren der Bodenstabilisierung lassen eindeutig den bodenmechanischen Aspekt erkennen.

5. Bodendynamik; Einfluß von Schwingungen auf Erdmassen. Abschließend werden eine Tafel der verwendeten Formelzeichen sowie ein Namens- und Sachregister gegeben.

Jeder Hauptabschnitt beginnt mit einer allgemein verständlichen Einführung, in der die auftretenden Probleme dargelegt werden. Die spezifisch bodenmechanische Betrachtung unter verschiedenen Bedingungen der sich anschließenden Unterabschnitte erfolgt in übersichtlicher Form, wobei die erläuternden und mathematisch-physikalischen Teile infolge ihres gutabgestimmten logischen Aufbaus ein Erarbeiten des Stoffes sowohl durch den Studenten als auch durch den weniger mathematisch vorgebildeten Geologen erleichtern. Der Fachmann wird das Buch als Nachschlagewerk und zur Auffrischung seines Wissens begrüßen.

F. Reuter

Autorenkollektiv

Probleme der Ingenieurgeologie

Arbeiten der Internationalen Beratung zur Ingenieurgeologie, 3. bis 8. Juni 1968
Redaktionskomitee: E. M. Sergeew, G. S. Solotarew u. a.

Verlag der Moskauer Universität 1970. 447 S., zahlr. Abb., Tab. und Graphiken, Format 18 × 26,5 cm

Nach einer informatorischen Einleitung mit einer Liste der an der Konferenz beteiligten wissenschaftlichen Institutionen aus dem Bereich von acht Ministerien der Sowjetunion folgt der erste Abschnitt über allgemeine ingenieurgeologische Fragen, in denen die Verbindung von Geologie und Bodenmechanik als sehr fruchtbringend herausgestellt wird, deren Anwendung bei hydrotechnischen Bauten, bei Kanälen, Kraftwerken und im Straßen- und Bahnbau zu verzeichnen ist. Als Hauptaufgabe wird eine quantitative Arbeit der Wissenschaft hervorgehoben, wobei mathematisch-physikalische Methoden einen wichtigen Platz einnehmen. Zu den grundlegenden Richtungen der Weiterentwicklung zählen die Untersuchung der Dynamik der Erdrinde unter dem Einfluß der Ingenieurtätigkeit und die Meeresingenieurgeologie für die Erbauer von Unterwasseranlagen. Der Teil des Wissenszweigs, der sich mit den bergbaulichen Arbeiten befaßt — sei es im Tagebau oder im Tiefbau —, wird als neue Richtung der Ingenieurgeologie hervorgehoben. Ferner werden Ergebnisse der hydrogeologischen Forschung und ihre Anwendbarkeit bei den Aufgaben des hydrotechnischen Bauens, dynamische Prozesse, rheologische und rezente Bewegungen und der Einfluß der Wassersättigung und schließlich die Ergebnisse einschlägiger Forschung für den Industrie- und Städtebau, das Zivilbauwesen und das landwirtschaftliche Bauen behandelt.

Der Abschnitt „Bildung und Art der ingenieurgeologischen Eigenschaften" beinhaltet physikalisch-mechanische Parameter der Gesteinsarten, die Festigkeit von Tongesteinen, das Verhalten von groben Trümmerböden, die Mikrostruktur der Lehmböden und ihre normativen Charakteristika, die Entstehung des Lößes und den Einfluß seines Stoffbestands, ferner Probleme der Inhomogenität von Gesteinsmassiven, der Charakteristik der verschiedenen Zonen der Verwitterungskruste und die quantitative Einschätzung ihrer Eigenschaften für Bauzwecke.

Im Abschnitt „Ingenieurgeodynamik" werden die einschlägigen Prozesse, Erscheinungen und Gesetzmäßigkeiten ihrer Entstehung behandelt, das nichtstationäre Verhalten der physikalischen Felder, neotektonische Bewegungen, der Einfluß der Verwitterung als Rutschungsursache, ferner exogene geologische Prozesse und Entwicklungsbedingungen des Karbonat- und Sulfatkarstes. Auf rheologische Erscheinungen bei der Entwicklung von Rutschungsprozessen wird auf Grund von Feldbeobachtungen und Dauerdeformationen eingegangen, wofür mathematische Beziehungen und Viskositätsgrade für die verschiedenen Konsistenzbereiche aufgeführt werden. Ferner wird über einige Gesetzmäßigkeiten bei der Bildung von Schlammströmen, wie sie in Mittelasien, auf der Krim, im Kaukasus und im Ural auftreten, und die Aufgaben ihrer ingenieurgeologischen Untersuchung berichtet.

Der Abschnitt „Die Ingenieurgeologie im Bergbau und im Tiefbau" beschäftigt sich mit den Tiefenzonen der Erdrinde, den Eigenschaften im Untergrund und im Modell, den Unterschieden in den mechanischen Bedingungen der Deformation des Gesteins, so in größeren Tiefen in der Steinkohle des Donbass und tieflagernden Erzlagerstätten. Ferner stehen neutektonische Bewegungen, Faktoren und Prozesse im Tagebau, wie unterschiedliche Stabilitätsbedingungen, der Einfluß organischer Substanz, rheologische Vorgänge in Fließkippen und erdstatische Berechnungsmethoden zur Debatte. Zur quantitativen Einschätzung geologischer Faktoren werden Schemata für die Berechnung von Tagebaurandböschungen, Untersuchungen des Spannungszustands von Gesteinsmassiven nach Modellierungsmethoden unter Bedingungen der natürlichen Lagerung, das geologisch-mathematische Modell einer Lagerstätte, die Theorie des Fließens der Gesteine und ihre Anwendung in der Ingenieurgeologie der Tiefenzonen aufgezeigt.

Der Abschnitt „Regionale Ingenieurgeologie" bringt einleitend Ergebnisse und Entwicklungsperspektiven in der Sowjetunion; des weiteren wird über die Methode der ingenieurgeologischen Kleinmaßstabkartierung, ein rationelles Schema der einschlägigen Untersuchung und Fragen ihrer Verbesserung, über paläometrische und paläomorphologische Untersuchungen, die Rolle der Geomechanik, die genetischen Typen des Lößes von Mittelasien und über die Einteilung der sibirischen Ströme in geomorphologische Gebiete zu ingenieurgeologischen Zwecken, die mit dem Bau von Hydroenergieanlagen zusammenhängen, berichtet.

Das Buch enthält in 75 Beiträgen, die sämtlich mit zahlreichen Bildern und Tabellen ausgestattet sind, eine Fülle von Untersuchungs- und Forschungsergebnissen aus allen Gebieten der Ingenieurgeologie, die in die fünf Abschnitte: Allgemeine Fragen, Bildung und Art der ingenieurgeologischen Eigenschaften der Gesteinsarten, Ingenieurgeodynamik, Ingenieurgeologie im Bergbau und im Tiefbau und Regionale Ingenieurgeologie gegliedert sind. Neben Beiträgen methodischen Inhalts, wie dem rationellen Schema einschlägiger Untersuchungen, dem geologisch-mathematischen Modell eines Gebirgsmassivs und einer Lagerstätte, der Methode der Kleinmaßstabkartierung, umfaßt das Buch thematische Beiträge von Aktualität, wie rheologische Erscheinungen und neotektonische Bewegungen sowie den Einfluß der Verwitterung von Tongesteinen und anderer Faktoren auf die Entwicklung von Rutschungen, ferner exogene geologische Prozesse und schließlich regionale ingenieurgeologische Probleme aus dem Donbass, der Westsibirischen Platte, dem Schelfteil des Schwarzen Meeres und aus Mittelasien. Damit ist das Buch eine Fundgrube weitgespannter einschlägiger Probleme und ihrer Lösungsmöglichkeiten, die einen interessanten Beitrag für diesen wichtigen Zweig der Geowissenschaften bedeuten, der für Forschung und Lehre sehr zu empfehlen ist. H. Matschak

Zweck, H.

Baugrunduntersuchungen durch Sonden. Ramm-, Druck-, Dreh- und Flügelsonden

Berlin/München: Verlag von Wilhelm Ernst & Sohn 1969. Bauingenieur-Praxis, Heft 71, 111 S., 86 Abb., 17 Tab., brosch. 22,— DM

Der Verf. hat es sich in vorliegendem Buch zur Aufgabe gemacht, den Leser mit der Untersuchung des Baugrunds durch Sonden vertraut zu machen. Er geht davon aus, daß der Einsatz von Ramm-, Druck-, Dreh- und Flügelsonden im allgemeinen unkompliziert und wirtschaftlich ist, häufig durch unrichtige Interpretation zu falschen Schlußfolgerungen führt. Verf. ist daher bemüht, die Möglichkeiten und Grenzen des Einsatzes von Sondierungen sowie der Auswertung von Sondierergebnissen aufzuzeigen.

Nach einer Einführung mit Hinweisen auf die Notwendigkeit des Einsatzes von Sonden bei der Baugrunduntersuchung werden die wichtigsten bodenphysikalischen Kennziffern, soweit sie durch Sondierungen ermittelt oder bei deren Auswertung benötigt werden, erläutert. In den Kap. 3 bis 7 folgen die einzelnen Sondierungsarten in der Reihenfolge Rammsonden, Drucksonden, M_E-Sonden (nach HAEFELI und HAEFELI-STUMP), Dreh- und Flügelsonden sowie „kombinierte Sonden". Zu jeder Sondenart gibt es gewöhnlich ausführliche Beschreibungen der Arbeitsweise und des Aufbaus der verschiedenen Geräte. Weiterhin werden Hinweise über die Ermittlung der Lockergesteinsarten sowie von Schichtgrenzen zwischen verschiedenen Lockergesteinen und von bodenphysikalischen Kennziffern gegeben.

Anschließend folgen die Kapitel: „Beziehungen zwischen den Ergebnissen aus verschiedenen Sondierverfahren" (Kap. 8), „Allgemeine Richtlinien für die Durchführung von Sondierungen" (Kap. 9) sowie „Vereinheitlichung der Sondiergeräte" (Kap. 10). Im ersteren wird besonders auf die ausgeprägten Beziehungen zwischen den Ergebnissen von Drucksondierungen und denen des Standard Penetration Test eingegangen. Kap. 9 hebt Punkte heraus, die bei der Durchführung von Sondierungen zu beachten sind, z. B. Festlegung der Tiefe und Anzahl von Sondierungen in Abhängigkeit von den Untergrundverhältnissen und dem Untersuchungsziel, seitliche Abweichungen, Feststellen von Kabeln oder Leitungen im Untergrund und Maßnahmen bei Sondierungen von einer Wasseroberfläche aus. Im Kap. 10 fordert Verf. eine nationale und internationale Vereinheitlichung der Sondiergeräte (besonders von Ramm- und Drucksonden), da die Verschiedenartigkeit der Geräte in den verschiedensten Ländern einen Vergleich der Ergebnisse erschwert. Nach der Schlußbetrachtung (Kap. 11) folgt ein ausführliches Literaturverzeichnis fast ausschließlich über Veröffentlichungen aus kapitalistischen Ländern.

Angesichts der Tatsache, daß in den letzten Jahren der Einsatz von Sonden bei der Erkundung physikalisch-mechanischer Eigenschaften von Lockergesteinen bedeutend zugenommen hat und daß dazu die verschiedenartigsten Geräte zum Einsatz kommen, ist es als ein Verdienst des Verf. anzusehen, daß er eine derartige Arbeit vorlegt. Hinsichtlich seines Informationsgehalts wäre das Buch noch umfassender, wenn bei der Beschreibung der Geräte auch die in den sozialistischen Ländern hergestellten erwähnt worden wären.

M. LANGE

MOISSEJENKO, U. I., L. S. SOKOLOWA & W. E. ISTOMIN

Elektrische und thermische Eigenschaften von Gesteinen unter den Bedingungen normaler und hoher Temperaturen und Drücke

Nowosibirsk: Verlag Nauka, Sibirische Abteilung, 1970. 68 S., 17 Abb., 10 Tab., 70 Lit., 0,32 Rb.

Unter dem Gesichtspunkt der verbesserten Deutung geophysikalischer und geologischer Beobachtungen aus dem tieferen Krusten- und oberen Mantelbereich der Erde wird die vorhandene Fachliteratur über das elektrische und thermische Verhalten vorwiegend kristalliner Gesteine bei verschiedenen thermodynamischen Bedingungen analysiert und über in den Laboratorien für Physik der Erdkruste des Instituts für Geologie und Geophysik der Sibirischen Abteilung der Akademie der Wissenschaften der UdSSR erhaltene Meßergebnisse berichtet. Kap. I (9 S.) behandelt den spezifischen Gesteinswiderstand im Temperaturbereich zwischen 20 und ca. 1200 °C und bei Drücken bis ca. 20000 kg/cm² (in Einzelfällen bis 31000 kg/cm² bei 500 °C). Weiterhin werden die verwendete Apparatur und der Mechanismus der elektrischen Leitung in kristallinen Gesteinen beschrieben. Kap. II (22 S., davon 14 S. Tab.) und III (16 S.) sind dem thermischen Verhalten derselben Gesteine bei Temperaturen zwischen 20 und ca. 1300 °C gewidmet.

K. LEHNERT

Neuerscheinungen und Literaturhinweise

. . .

Bibliography and index of engineering geological mapping 1. Czechoslovakia, German Democratic Republic, Hungary, Poland

Praha: Geofonds 1970. 66 S.

. . .

Beiträge zur Geochemie des Quecksilbers, Molybdäns und Schwefels im hydrothermalen Prozeß

Moskau: Verlag Nauka 1970. 277 S.

DEWLIKANOW, W. W., u. a.

Optische Kontrollmethoden für die Ausbeutung von Erdöllagerstätten

Moskau: Verlag Nedra 1970. 159 S., 56 Lit.

GALLENMÜLLER, O., u. a.

Leistung—Kosten—Ergebnis. Mit Beispielen vorzugsweise aus den Bereichen Bergbau, Energie, Metallurgie, Chemie, Keramik, Maschinenbau

Leipzig: Deutscher Verlag für Grundstoffindustrie 1970. 739 S., 14 S. Lit.

. . .

Handbuch der tektonischen Terminologie

Moskau: Verlag Nedra 1970. 584 S.

HOFFMANN, D.

Die Erdölgewinnung in Norddeutschland. Von den Anfängen vor über 400 Jahren bis heute

Hamburg: Verlag Otto Vieth 1970. 136 S., 2 S. Lit.

KOENIG, M. A.

Vulkane und Erdbeben. Mit einem Abriß über die Geologie des Mondes

Thun und München: Ott-Verlag 1970. 179 S., 14 Abb., getr. Lit.

KOTLJAR, W. N.

Grundlagen einer Theorie der Erzbildung

Moskau: Verlag Nedra 1970. 462 S., 219 getr. Lit.

KRAUS, E. C.

Die Entwicklungsgeschichte der Kontinente und Ozeane

Berlin: Akademie-Verlag 1970. 429 S., 145 Abb., 18 Taf., 37 S. Lit.

LANDES, K. K.

Petroleum geology of United States

New York (usw.): Wiley-Interscience 1970. 571 S., 37 S. Lit.

MASCHKOWITSCH, K. A.

Methoden paläotektonischer Untersuchungen bei der praktischen Erkundung von Erdöl- und Erdgaslagerstätten

Moskau: Verlag Nedra 1970. 152 S., 77 Abb., 8 Tab.

MOISSEJENKO, U. I., u. a.

Elektrische und thermische Eigenschaften der Gesteine unter den Bedingungen normaler und hoher Temperaturen und Drücke

Nowosibirsk: Verlag Nauka 1970. 68 S., 16 Abb., 10 Tab.

. . .

Meeresgeologie und -geophysik

Riga: Verlag Zinatne 1970. 204 S.

PARK, CH. F., u. a.

Ore deposits
(A series of books in geology)

San Francisco: Freeman-Verlag 1970. 522 S., getr. Lit.

Informationen

Große Perspektiven der Rohstoffwirtschaft der UdSSR nach dem XXIV. Parteitag

Dem großangelegten Referat des Genossen ALEXEJ N. KOSSYGIN, Mitglieds des Politbüros des ZK der KPdSU, Vorsitzenden des Ministerrats der UdSSR, auf dem XXIV. Parteitag der KPdSU in Moskau, sind nachstehende Angaben über die weitere Entwicklung der sowjetischen Bergbauwirtschaft entnommen.

Im neunten Planjahrfünft soll in großem Ausmaß die Erdölgewinnung aus den gewaltigen neuen Lagerstätten von Tjumen und Mangyschlak entwickelt werden. Diese Reviere erbringen 75 Prozent des gesamten Zuwachses der Erdölförderung. In den alten Erdölgewinnungsgebieten des europäischen Teils der UdSSR besteht die wichtigste Aufgabe darin, die Lagerstätten vollständiger auszunutzen. Zur Lösung dieser Aufgabe ist es notwendig, Methoden einer wirkungsvolleren Entölung der geologischen Schichten stärker anzuwenden. Ein gewaltiger Zuwachs der Erdgasgewinnung wird hauptsächlich durch die Erschließung der neuen einzigartigen Lagerstätten im Gebiet Orenburg, in der ASSR der Komi, im Gebiet Tjumen sowie in der Usbekischen und der Turkmenischen SSR erreicht werden. Diese Lagerstätten sollen die größten Basen der Gasversorgung des Landes werden. Es werden Rohrleitungen mit großen Durchmessern verlegt, die ermöglichen, riesige Mengen Erdöl und Erdgas aus den Fördergebieten über viele Tausende Kilometer nutzbringend in jene Gebiete zu befördern, wo sie am dringendsten benötigt werden.

Eine der Hauptaufgaben des 9. Fünfjahrplans der UdSSR ist die vorrangige und effektivere Entwicklung der Brennstoff- und Energiewirtschaft. Vor allem geht es um die Erhöhung des Anteils von Erdöl und Erdgas an der Brennstoffbilanz des Landes. Die Erdgasförderung soll von 200 Mrd. m³ (1970) auf 300 Mrd. m³ (bis 1975) gesteigert werden. Das erfordert, das schon vorhandene riesige Gasleitungsnetz noch wesentlich zu erweitern. So befindet sich eine in ihren Abmessungen einmalige Gasleitung im Bau, durch die Erdgas aus Sibirien in den europäischen Teil der Sowjetunion gelangen wird. Dadurch können auch die Gaslieferungen in die ČSSR und die VR Polen erhöht sowie die DDR, die VR Bulgarien und die Ungarische VR mit Erdgas versorgt werden.

Bezüglich der Kohlenindustrie sieht der Entwurf der Direktiven die technische Umrüstung vor, um eine beträchtliche Verbilligung der Kohleförderung und eine Verbesserung der Arbeitsbedingungen der Bergleute zu erreichen. Die größte Entwicklung wird die Kohleförderung im Tagebau erfahren. Nach neuesten Methoden soll etwa ein Drittel der gesamten Kohle auf diese Weise gefördert werden. Die komplexe Mechanisierung und Automatisierung der schweren Arbeiten, besonders der Untertagearbeit, werden ermöglichen, die Arbeitsproduktivität im Kohlebergbau um etwa 40 Prozent gegenüber 20 Prozent im vorigen Planjahrfünft zu steigern. Das bedeutet, daß das Anwachsen der Kohleförderung, das im neuen Planjahrfünft 11 Prozent betragen soll, bei einer Verringerung der Beschäftigtenzahl um 20 Prozent erreicht wird.

Entwicklung der Erdölförderung im Kaspischen Meer

Heute liefern die Schelflagerstätten, und zwar die Lagerstätten des Apscheronarchipels bei Baku und die des Bakuarchipels, zwischen der Halbinsel Apscheron und der iranischen Grenze, etwa $^2/_3$ der Gesamtförderung des Bakugebietes. Die größte Lagerstätte des Apscheronarchipels ist Neftjanyje Kamni. Sie wurde 1949 entdeckt. Die Lagerstätten des Bakuarchipels, Santschagly-Duwannyj-More, Bulla u. a., wurden später aufgefunden. Da der geologische Bau des Kaspibodens dem des Festlands ähnlich ist, werden auch weitere Gebiete dieses Bereichs als sehr höffig betrachtet.

Über die Struktur der gigantischen Erdöl- und Erdgaslagerstätten Westsibiriens

In Westsibirien sind 20 Erdöl- und Erdgaslagerstätten bekannt. Sie werden als große, „größte" und gigantische bezeichnet. Ihr Anteil beträgt etwa 20% der Gesamtanzahl der in diesem Revier aufgefundenen Lagerstätten.

Das Prädikat „gigantisch" verdienen unter ihnen drei Erdgaslagerstätten, nämlich Urengojskoje im Bereich der Purowskijschwelle, Gubkinskoje auf der Sewernyjschwelle nnd Sapoljarnoje auf der Tasaufwölbung. Ferner zählen dazu die zwei Erdöllagerstätten Mamontowskoje im S der Surgutaufwölbung und Samotlar—Belosernoje im Bereich der Nishnewartowskijaufwölbung. Gemeinsam für alle diese Giganten und für einige als „größte" bezeichnete Lagerstätten ist ihr Auftreten auf bedeutenden Schwellen von Strukturen der 2. Ordnung bzw. auf dicht beieinander liegenden Antiklinen von Strukturen der 2. Ordnung.

Chile vor Aufnahme von Offshore-Bohrungen

Laut eines Kontrakts mit der UNO wurde eine kanadische Gesellschaft damit beauftragt, eine Studie über die Rentabilität und Möglichkeit von Erdöllagerstätten in der Magellanstraße, im südlichsten Chile, anzufertigen. Die chilenische Gesellschaft NdP verfügt bereits über 18 Sonden auf Erdgas und Erdöl, die sich auf beiden Seiten entlang dieser Wasserstraße hinziehen. Die in Aussicht genommene Studie soll das Vorhandensein eventueller Kohlenwasserstofflagerstätten im marinen Bereich nachweisen. Im Kontrakt ist vermerkt, daß den besonderen technischen Bedingungen der Meerenge und des Klimas besonders Rechnung zu tragen ist. Die Rentabilität der dort vermuteten untermeerischen Lagerstätten scheint besonders günstig zu sein. Geophysikalische Luftvermessungen sind bereits vorgenommen worden.

Erdölproduktion in Nigeria

Die regelmäßige Erdölförderung in Nigeria begann 1958 mit einem Jahresergebnis von 300000 t. Fünf Jahre später (1962) hatte sich die Produktion mit 3,3 Mill. t bereits verelffacht. Seither stieg sie ständig weiter und erreichte 1966 ihr bisheriges Maximum von 20,8 Mill. t. Das Ergebnis für 1967 (17,0 Mill. t) bringt wegen der Produktionsunterbrechung durch innere Unruhen die tatsächliche Leistungsfähigkeit der nigerianischen Lagerstätten nicht zum Ausdruck. Tatsächlich lag sie bereits im Sommer 1967 bei ca. 30 Mill. t pro Jahr. Die Produktion von Mitte 1967, berechnet auf das ganze Jahr, hätte 24,2 Mill. t ergeben. Davon stammten zwei Drittel aus der östlichen Region und ein Drittel aus den Lagerstätten der Mittelwestregion. Ferner hätten aus der Offshore-Lagerstätte Okan in der Mittelwestregion 2,9 Mill. t/a gewonnen werden können. Das Feld Obagi in der Ostregion förderte rund 2,0 Mill. t/a.

Diese Produktionsstruktur aus der Vorkriegszeit hat sich inzwischen gewandelt. Seither ist nämlich die Erkundung in den vom Bürgerkrieg unberührten Gebieten fortgesetzt und die Produktion dort bis auf rund 5 Mill. t im Jahre 1968 gesteigert worden. Davon stammen allein 2,5 Mill. t aus dem Feld Okan. Den Rest erbrachte das in der Nähe gelegene Feld Delta-South, das erst im Frühjahr 1968 in Betrieb genommen wurde.

Während des Bürgerkriegs mußte die Produktion der in den betroffenen Gebieten erschlossenen Lagerstätten von Mitte 1967 bis Ende 1968 eingestellt werden. Seither verzeichnet die Erdölförderung Nigerias jedoch schon wieder einen kräftigen Anstieg. Allerdings lassen die bisherigen Produktionsmeldungen erkennen, daß die ursprüngliche Vorausschätzung mit 50 Mill. t so schnell nicht erreicht werden kann.

Inzwischen sind 1970/1971 neue Offshore-Felder im südöstlichen Landesteil in Produktion genommen worden. Die erwartete Förderung wird anfänglich mit 2,5 Mill. t angesetzt.

Erfolgschancen beim Aufschluß von neuen Erdöllagerstätten in Nordamerika

Die geologischen Grundlagen ermöglichen häufig eine gewisse Schwerpunktbildung beim Aufsuchen von Erdöllagerstätten derart, daß die „besten" Projekte bevorzugt angebohrt werden. So sind große Strukturen mit mächtigen Speichern und hohen Förderraten leichten Öls in geringer Teufe in Verbrauchernähe anderen Projekten vorzuziehen, die z. B. unter dem Meer oder in großen Teufen liegen.

Noch wenig in Angriff genommene Sedimentbecken (z. B. Alaska, Sibirien) bieten naturgemäß bessere Chancen als alte abgebohrte Gebiete. So wird die fallende Tendenz in den USA verständlich, wo zwischen 1930 und 1940 70 Felder mit über je 15 Mill. t Vorräte gefunden wurden, zwischen 1940 und 1950 43, zwischen 1950 und 1960 noch 25 und zwischen 1960 und 1966 nur noch 5.

Interessant ist die Entwicklung in den USA, wo die Anzahl von Bohrungen tiefer als 4500 m stets gestiegen ist. Vor 1945 waren es 2, bis 1968 über 4000. Von den 406 Bohrungen im Jahre 1968 waren 150 Aufschlußbohrungen, von denen 25% fündig wurden. Von den übrigen 256 Bohrungen ergaben industriell nicht verwertbare Anzeichen 61%. Man vergegenwärtige sich hierbei, daß die pro 6000-m-Bohrung zu fördernde Gesamtölmenge etwa 15 bis 30 mal höher sein muß als die bei einer 1500-m-Bohrung, um die gleiche Rentabilität zu erzielen. Ferner waren die Ergebnisse von 1024 Tiefbohrungen über 4500 m Teufe mit der Tendenz einer Abnahme an Erdölfunden und einer Zunahme an Erdgasspeichern die, daß von 272 Funden 60 Erdöl und 212 Erdgas erbrachten, und zwar im Durchschnitt 270000 t Erdöl und 300 Mill. Nm^3 Erdgas als Vorrat pro Bohrung. In Louisiana, wo über die Hälfte dieser übertiefen Bohrungen abgeteuft wurde, zahlen sich Offshore-Bohrungen überhaupt nicht aus und die Landbohrungen auf Erdöl erst nach 9 Jahren.

Entwicklungstendenzen der Erdgaswirtschaft

Im Jahre 1960 hatte das Erdgas nur einen Anteil von 0,3% am westdeutschen Verbrauch an Primärenergie. 1970 waren es etwa 4,8%, nämlich 17 Mrd. Nm^3 oder, umgerechnet auf Steinkohleneinheiten, 19 Mill. t SKE. Davon entfallen rund 84% auf den industriellen Verbrauch und 16% auf Haushalte, Gewerbebetriebe u. a.

In den USA bestreitet das Erdgas heute bereits 32% des Verbrauchs an Primärenergie. In den Niederlanden erwartet man für 1975 einen Share von 35%. In Westdeutschland dürfte sich Mitte der siebziger Jahre ein Anteil von 10% ergeben, der dann schätzungsweise bis 1980 auf etwa 11% oder 50 bis 54 Mill. t SKE ansteigen wird.

Bis zur Mitte der siebziger Jahre wird sich das Erdgasangebot in Westdeutschland voraussichtlich auf jährlich etwa 38 Mrd. Nm^3 erhöhen, davon 15 Mrd. aus dem eigenen Land, 20 Mrd. aus den Niederlanden und 3 Mrd. aus der Sowjetunion. Die Produktion von 15 Mrd. Nm^3 aus Westdeutschland bezieht sich auf die langfristige Ausbeute der sicher nachgewiesenen Vorräte von annähernd 300 Mrd. Nm^3. Später dürften aus den als wahrscheinlich oder möglich bezeichneten Vorräten von über 300 Mrd. Nm^3 noch weitere 10 bis 13 Mrd. pro Jahr anfallen. Auch bei den Zufuhren aus der UdSSR liegt die Lieferung einer höheren Jahresmenge im Bereich der Möglichkeit. Das mit Tankern herangeschaffte verflüssigte Erdgas aus überseeischen Feldern ist für den westdeutschen Markt einstweilen zu teuer.

Erdgas in Nigeria

Die steigende Rohölförderung in Nigeria hatte eine ebenfalls stark steigende Gewinnung von Erdgas zur Folge. Überwiegend handelt es sich dabei um Gasmengen, die mit dem Rohöl zusammen gewonnen werden; doch steht auch Gas aus reinen Erdgaslagerstätten zur Verfügung, und zwar vor allem aus den Feldern Romuekpe in der Mittelwestregion und Akata in der Ostregion. Außerdem sind noch etliche kleinere Erdgaslagerstätten lokalisiert worden, deren weitere Erschließung jedoch vorerst zurückgestellt worden ist.

Nur relativ geringe Mengen des gewonnenen Erdgases konnten bisher einer Verwendung zugeführt werden. Abnehmer bescheidener Mengen sind bisher vor allem Industriebetriebe im Raum von Port Harcourt sowie in der Region von Aba. Die Masse des verfügbaren Gases muß jedoch abgefackelt werden. Um die Vorräte besser zu nutzen, werden z. Z. Projekte untersucht, neue Industriezweige im Lande anzusiedeln, die energieintensiv arbeiten. Auch wird die Möglichkeit des Exports von verflüssigtem Erdgas nach Großbritannien erwogen.

Steinkohlen in der UdSSR

Die UdSSR ist das steinkohlenreichste Land der Erde mit rund 4630 Mrd. t Kohlevorräten aller Vorratsklassen. Die wichtigsten Steinkohlenlagerstätten liegen im europäischen Teil der UdSSR, im Donezbecken. In den rund 9000 m mächtigen Schichten des Permokarbons gibt es dort rund 30 abbauwürdige Flöze mit Gesamtmächtigkeiten bis zu 28 m. Von der Flammkohle bis zum Anthrazit sind alle Kohlearten vorhanden.

An der Ost- und Westflanke des Urals erstrecken sich über 2300 km hin Kohlenlagerstätten, die dem Karbon, Perm und Jura angehören. Die bedeutendsten Kohlereviere an der Westflanke des Urals sind die von Wischere, von Kisel und von Tschussowaja bei Swerdlowsk. Auch im Petschoragebiet zwischen Ural und Timangebirge gibt es karbonische und permische Kohlen.

Im asiatischen Teil der UdSSR zählt das Becken von Kusnezk zu den größten der Erde. Es liegt zwischen Ausläufern des Altaigebirges und hat eine Länge von 360 km bei einer Breite von 120 km. In dem 26000 km^2 großen Becken liegen mehr als 200 Mrd. t Kohle. Die Kohlenbildung setzt mit einigen dünnen Bog-head-Flözen bereits im Devon ein, dem marines Unterkarbon folgt. Über diesem liegen schließlich mehr als 8000 m kohleführende Schichten, hauptsächlich permischen Alters. Abbauwürdig sind rund 28 Flöze, deren untere hauptsächlich anthrazitische Kohlen führen, wogegen in den höheren Eß-, Fett- und Gaskohlen angetroffen werden.

Östlich des Beckens von Kusnezk, am Jenissei, liegt das Steinkohlenbecken von Minussinsk, eine flache Mulde von 200 km Länge und 100 km Breite. Neben diesem werden derzeit noch andere Lagerstätten in dieser Region aufgeschlossen, so in der Abakanmulde bei Moissjewka sowie die Lagerstätten vom Altai und vom Berg Ubrus. Im Becken von Minussinsk sind die Kohlen, wie bei Kusnezk, permischen Alters. Hauptsächlich werden Gasflammkohlen und Flammkohlen mit 35 bis 45% flüchtigen Bestandteilen abgebaut. Ihr Heizwert wird mit 5700 bis 7800 kcal/kg angegeben. Die Vorräte sollen mindestens 21 Mrd. t betragen.

Große Hoffnungen liegen in den zum großen Teil noch unerforschten Lagerstätten an der unteren Tunguska, in Sibirien. Die kohleführenden Schichten des Karbons und des Perms sollen im tungusischen Revier bis zu 1000 m betragen. Es sind mehrere Flöze von mindestens 13 m Gesamtkohlenmächtigkeit bei nahezu ungestörter Lagerung entwickelt. Lagergänge von sibirischem Trapp haben die Kohlen teilweise veredelt. Die Schätzungen der Vorräte für das tungusische Revier schwanken zwischen 30 und 440 Mrd. t Kohle.

Im Karagandagebiet sind mindestens 60 Mrd. t unterkarbonischer Kohle in 30 Flözen mit insgesamt 60 m Kohlemächtigkeit nachgewiesen worden. Es handelt sich um eine gute Kokskohle, allerdings mit hohem Aschegehalt.

Im Becken von Irkutsk kommen westlich des Baikalsees jurassische Kohlen in ungestörter und flacher Lagerung unter geringmächtigem Deckgebirge vor. Die Gesamtkohlemächtigkeit wird mit 9 m angegeben. Es soll sich um Koks- und Gasflammkohlen handeln. Die Vorräte werden auf 80 bis 130 Mrd. t geschätzt. Neben Steinkohlen kommen im Gebiet von Irkutsk auch Bog-head- und Glanzbraunkohlen vor. Neben diesen Hauptlagerstätten gibt es in der UdSSR noch viele kleinere, beispielsweise auf der Halbinsel Sachalin, im Gebiet von Primorsk bei Wladiwostok, im Amurgebiet, in Transbaikalien, Turkestan und Turkmenistan.

Erwähnenswert ist schließlich noch die Schungitlagerstätte auf der Halbinsel Saoneschje am Onegasee. Dort befindet sich in präkambrischen Tonschiefern und Dolomiten ein 1 bis 3 m mächtiges, nahezu horizontal gelagertes Schungitflöz (wahrscheinlich ein aus Sapropeliten entstandener präkambrischer Anthrazit). Der Schungit enthält 93 bis 95%

Kohlenstoff und ist teilweise pyritreich. Seine praktische Bedeutung erhält er durch seinen hohen V_2O_5-Gehalt (bis 1,6%). Daneben treten CuO, NiO und MoO_3 auf. Der Schungit wird nicht wegen seines hohen Kohlenstoffgehalts, sondern als Vanadiumerz abgebaut.

Kohlenvorräte der Welt

Der Zeitschrift „Glückauf" (1970) ist eine Statistik über die Vorräte verschiedener Steinkohlenlagerstätten der Welt zu entnehmen. Die gesamte Menge wird zur Zeit mit 4,7 Bill. t veranschlagt. Dabei handelt es sich bei 83% um bituminöse Anthrazit- oder subbituminöse Kohle. In groben Zügen liegen 50% der Weltvorräte in Asien, davon etwa die Hälfte in der UdSSR und in der VR China. Ein weiteres Drittel ist auf dem Territorium der USA nachgewiesen, der Rest liegt in Europa. Die neuesten Kokskohlenländer der Welt, Australien, Kanada und Südafrika, verfügen über 5% der Weltvorräte.

Land	Steinkohle ges.	Kokskohle
USA	1505	256
UdSSR	1200	220
VR China	1011	223
BRD	286	74
Großbritannien	171	56
Kanada	87	17
VR Polen	80	22
Südafrika	68	19
Indien	63	14
Australien	58	6
ČSSR	19	2
Frankreich	13	4
Kolumbien	12	3
Japan	10	4

Mineralogischer Atlas von Polen

Das Geologische Institut der VR Polen legt einen Atlas im Maßstab 1 : 2000000 vor mit Legenden und mit in englischer Sprache gehaltenen Notizen. Im Gegensatz zu den „Lagerstättenkarten" liegt der Akzent hier auf der Genese und weniger auf dem ökonomischen Wert der Lagerstätten.

Der Atlas enthält sieben Karten: 1. eine Karte der festen Brennstoffe; 2. eine Karte der Kohlenwasserstoffe; 3. eine metallogenetische Karte; 4. eine Karte der Evaporite; 5. eine petrogenetische Karte; 6. eine hydrochemische Karte; 7. eine Karte der mineralogenetischen Provinzen.

Die Vorräte der Braunkohlenlagerstätten Europas*)

Land	Vorräte in Mill. t
BRD	62000
DDR	49000
VR Polen	33000
ČSSR	12500
UdSSR (einschließlich Asien)	1350000
Österreich	250
SR Rumänien	1100
Ungarische VR	1500
VR Bulgarien	3800
Griechenland	500
SFR Jugoslawien	21410
Italien	190
Spanien	870
Frankreich	300
Portugal	20
Dänemark	20
Niederlande	13
	1566563

*) nach: „Das Energiehandbuch" 1970

Stand und Perspektive der Weltsteinkohlenproduktion

Nach „Glückauf" (1971) gibt folgende Tabelle die Entwicklung, den Stand und die Perspektiven der Steinkohlenproduktion der Welt wieder:

Land	1969	1970	1980
USA	510,0	533,0	752
UdSSR	450,0	457,0	626
VR China	325,0	320,0	360
EWG	171,8	167,0	180
Großbritannien	153,0	144,0	100
VR Polen	135,0	138,0	195
Indien	70,5	71,5	80
Südafrika	52,0	53,6	64
Japan	44,7	41,5	40
Australien	44,0	49,0	69
restl. Osteuropa	40,0	39,0	42
restl. Westeuropa	12,7	12,5	14
Kanada	7,9	10,3	19
Südamerika	7,8	8,0	10

Kurznachrichten

Mitarbeiter des **Geologischen Instituts in Leningrad** haben einen **geologischen Globus der Erde** von fast 1 m Durchmesser geschaffen. Auf ihm sind die geologischen Einheiten, Strukturen, Brüche etc. in hervorragend plastischer Form herausgearbeitet.

Der Bau der 1100 km quer durch die **ČSSR** verlaufenden **Erdgasleitung** ist in Angriff genommen worden. Die Magistrale wird nach ihrer Fertigstellung 1973 jährlich 30 Mrd. m^3 Erdgas in die ČSSR, die DDR und einige westeuropäische Länder liefern.

In der **UdSSR** hält die Steigerung der **Kohlenförderung** weiterhin an. 1965 wurden 578 Mill. t, 1970 624 Mill. t gefördert. Der Plan für 1975 sieht die Förderung von 685 bis 695 Mill. t vor.

Australien plant mit der Erweiterung der **Aluminiumfabrik** in Gladstone, Queensland, die größte Aluminiumfabrik der Welt. 1971 sollen dort 1,3 Mill. t, 1972 2,04 Mill. t Aluminium produziert werden.

Ein Zehntel der in der **UdSSR** geförderten **Kohlen,** mehr als 55 Mill. t/a, wird im größten Tagebau der Welt, in Beresnikowo, im Kohlenbecken von Kansk—Atschinsk, in Sibirien, gewonnen. Hier wurde von Ingenieuren aus Leningrad das transportlose Abbausystem eingeführt.

Die **Synthese von Saphiren** ist dem sowjetischen Chemiker C. BAGDASSAROW gelungen. Neben blauen Steinen konnten auch wasserklare erhalten werden. Die künstlichen Saphire, die vor allem für die Industrie bestimmt sind, übertreffen die Natursteine an Hitzebeständigkeit und Festigkeit.

Erdöl- und Erdgaslagerstätten, die noch größer sind als die unter dem Kaspischen Meer, vermuten sowjetische Wissenschaftler in einer 20 km mächtigen Sedimentschicht unter dem **Schwarzen Meer.** Als höffigste Gebiete werden der Schelfgürtel westlich der Krim und die rumänische und bulgarische Küste angesehen.

Die **höchsten Gipfel der UdSSR** befinden sich in Mittelasien: Pik Kommunismus 7495 m im Pamir, Pik Pobedy 7439 m im Tienschan. 81 m unter NN (Normalnullpunkt) liegt dagegen eine Senke in der Wüste Karakum, nördlich von Darwasa.

Der **Fedtschenko-Gletscher im Pamir** ist der größte Gletscher der Sowjetunion und der fünftgrößte der Welt. Er ist 71 km lang, 1,7 bis 3,1 km breit und bedeckt eine Fläche von 907 km^2.

Einen 200 km langen **„Smaragdgürtel"** haben sowjetische Geologen zwischen Udnipur und Ajmer im nordindischen Unionsstaat Rajasthan entdeckt. Das Auffinden dieser Edelsteinlager geht auf systematisch durchgeführte Erkundungen zurück. Im Ergebnis dieser Erkundungen sind bereits 12 bedeutende Mineralvorkommen lokalisiert worden.

In den nächsten Heften

der

Zeitschrift für angewandte Geologie

erscheinen u. a. folgende Beiträge

P. Bilz: Ermittlung des Grades der Inhomogenität von Körnungsbändern mit Hilfe des Kleinrechners Cellatron

W. Schrön & G. Tischendorf: Bemerkungen zur Interpretation von Germaniumgehalten in Lagerstättenparagenesen

W. Klemm: Spektrochemische Bestimmung von Spurenelementen in kleinen Erdöl- und Bitumenproben

E. Kuschka: Über die Ergebnisse einer Neubearbeitung hydrothermaler Gangmineralisationen des Erzgebirges, Granulitgebirges und Vogtlandes

W. W. Aristow & S. W. Tichomirow: Die Bedeutung einer modernen Variante des Periodensystems D. I. Mendelejews für die Prognose und Prospektion von Bodenschätzen

R. Kaczynski & L. Wysokinski: Der Einfluß von Diskontinuitäten verschiedener Neigung auf die Festigkeitseigenschaften einiger bindiger Lockergesteine

D. Milcoveanu: Beiträge für die gravimetrische Auswertung mit Hilfe der Frequenzanalyse

A. I. Bogomolow: Erdölzusammensetzung als Kriterium der Erdöl-Erdgas-Höffigkeitsprognose neuer Gebiete

I. P. Subow, A. F. Jelistratowa, I. I. Kozewnikowa, B. A. Solowow & V. J. Sirokow: Das Niederbringen von Basisbohrungen auf Erdöl und Erdgas in der UdSSR

W. Jung & M. Spilker: Hydrologische Probleme beim Wasseranstau in der Mansfelder Mulde

F. Schust: Bemerkungen zur geologischen und strukturellen Charakterisierung der wolframführenden Mineralisationen, insbesondere der Quarz-Wolframit-Gänge des westerzgebirgischen Teilplutons

I. A. Odesski: Die harmonische Analyse sedimentärer Folgen zur Ermittlung der Periodizität der Sedimentation

F. I. Wolfson: Geologie und Fragen der Genese endogener Uranerzlagerstätten

Herausgeber: Prof. Dr. Karl Schmidt, Direktor des Zentralen Geologischen Instituts im Auftrag des Staatssekretariats für Geologie beim Ministerrat der Deutschen Demokratischen Repulik. Für die kollektive Chefredaktion: Dr. K. Kauter (Redaktionssekretär), Berlin. Redaktion: 1054 Berlin, Kastanienallee 69 (Fernsprecher 2262080 od. 2081). Verlag: Akademie-Verlag GmbH, 108 Berlin, Leipziger Straße 3 – 4 (Fernsprecher 220441, Telex 0112020, Postscheckkonto: Berlin 35021). Bestellnummer des Heftes 1047/17/12. Alleinige Anzeigenannahme DEWAG-WERBUNG, 102 Berlin, Rosenthaler Str. 28 – 31, und alle DEWAG-Betriebe in den Bezirksstädten der DDR. Exportpreis: 6,—M, Sonderpreis für die DDR: 2,— je Heft. — Satz und Druck: VEB Druckhaus „Maxim Gorki", 74 Altenburg. Veröffentlicht unter der Lizenznummer 1279 des Presseamtes beim Vorsitzenden des Ministerrates der Deutschen Demokratischen Republik. Kartengenehmigung: P 532/71

Geologie
der Lagerstätten mineralischer Rohstoffe

Von V. I. SMIRNOV

Verbindliches Hochschullehrbuch · Übersetzung aus dem Russischen

563 Seiten mit 330 Bildern und 50 Tabellen, Format 16,5 × 23 cm,
Leinen 65,— M, Vorzugspreis für die DDR 55,— M

Der Autor V. I. Smirnov gehört zu den profiliertesten Lagerstättenspezialisten der UdSSR. Die Übersetzung seines Werkes aus dem Russischen bedeutet für die deutsche Literatur eine wertvolle Ergänzung.
Nach der Darlegung grundsätzlicher Fakten und Gesetzmäßigkeiten, wie Verteilung, Struktur, Inhalt und Bildungsbedingungen der Lagerstätten, sowie einem kurzen Abriß der Geschichte der Lagerstättenlehre werden ausführlich die allgemeinen Bildungsvorgänge der einzelnen genetischen Lagerstättentypen behandelt. Die verschiedenen Kapitel geben Aufschluß über magmatische Lagerstätten, Pegmatite, Karbonatite, Skarne, Hydrothermal- und Verwitterungslagerstätten, Oxydations-Zementations-Bildungen, Seifen sowie über sedimentäre und metamorphe Lagerstätten. In den abschließenden Kapiteln werden Lagerstättenstrukturen und regionale Lagerstättenverteilung eingehend behandelt.
Die ganze Thematik ist mit wissenschaftlicher Gründlichkeit und Ausführlichkeit dargestellt und widerspiegelt den neuen Stand der sowjetischen Lagerstättenforschung. Zahlreiche in der deutschen Literatur bis jetzt unbekannte Darstellungen sowjetischer Lagerstätten veranschaulichen die textlichen Ausführungen wirkungsvoll. Das Buch enthält in der deutschen Ausgabe Ergänzungen über Lagerstätten der DDR, die besonders für Studenten der Geowissenschaften von großem Interesse sind.

Bestellungen nehmen alle Buchhandlungen und der Verlag entgegen.
Bestellungen aus dem nichtsozialistischen Ausland können auch an die Firma Deutscher Buch-Export und -Import GmbH, 701 Leipzig, Leninstraße 16, gerichtet werden.
Im sozialistischen Ausland können Bestellungen nur über die Buchhandlungen für fremdsprachige Literatur erfolgen.

VEB Deutscher Verlag für Grundstoffindustrie · Leipzig

Bei Fragen zur Produktsicherheit wenden Sie sich bitte an:
If you have any questions regarding product safety,
please contact:

Walter de Gruyter GmbH
Genthiner Straße 13
10785 Berlin
productsafety@degruyterbrill.com